Table des matières

I . La méthode du remue-méninge

1 – Le brainstorming ou le remue-méninge

La méthode du remue-méninge à été inventée en 1935 par Monsieur Alex Osborn (USA). *C'est un outil de créativité libre et ordonnée qui permet de rechercher en groupe ou individuellement et en toute liberté un maximum d'idées sur un sujet donné ou d'inventer des solutions pour résoudre un problème.* Au collège, nous utiliserons cet outil pour réaliser un inventaire des connaissances sur un sujet et organiser ces informations.

2 – Application

2-1 LE TRANSPORT

Nous allons appliquer la méthode du remue-méninge au problème du TRANSPORT. A travers la classe, nous avons inventorié tout ce qui pouvait se rapporter au transport :

2-1-2 Inventaire des idées :

Voiture, vélo, routes, carburant, trottinette, sonnette, pignons, moteur, camion, car, bus, train, tram, surf, bateau, péniche, roller, mer, chaussures, chevaux, ânes, charrette, selle, volant, téléphone …

2-1-3 Organisation des idées :

A partir de tous les objets trouvés, nous avons organisé ces objets en plusieurs grandes familles :

- **Véhicules** : voiture, vélo, trottinette, camion, car, bus, train, tram, surf, bateau, péniche, roller, chaussures, charrette, téléphone, …

- **Infrastructure** : routes, mer, …

- **Energie** : chevaux, ânes, carburant, …

- **Elément mécanique** : sonnette, pignon, moteur, selles, volant, …

2-1-4 Complétez le paragraphe 2-1-2 en ajoutant plus de dix idées et organisez-les dans le paragraphe 2-1-3.

2-1-5 Associez les noms des objets aux images.

A. un hélicoptère		E. un monospace		I. un vaisseau spatial	
B. un wagon de marchandises		F. un camping car		J. une poussette	
C. un train		G. un vélo tout terrain		K. un pneu	
D. une barque		H. un bateau à moteur		L. un quad	

1

2

3

4

5

6

7

8

9

10

11

12

1 – La méthode du QQOQCCP :

Cette méthode semble avoir été inventée par les Romains il y a environ 2000 ans. Cependant, il est fort possible qu'elle soit plus ancienne et soit à la base des grandes civilisations humaines.

En outre, cette méthode permet une collecte constructive et rigoureuse des informations nécessaires à la connaissance du sujet.

Le QQOQCCP correspond à l'abréviation de : Qui fait Quoi ? Où ? Quand ? Comment ? Combien ? Et Pourquoi ? Et à partir de ce questionnement systématique, nous obtenons une description complète de l'objet technique.

C'est une méthode, très flexible, doit être adaptée au sujet traité.

Le tableau ci-joint représente une courte liste mnémotechnique :

Lettre	Questions	Exemples
Q	De qui ?, Avec qui ?, Pour qui ? ...	Responsable, acteur, sujet, cible ? ...
Q	Quoi ?, Avec quoi ? ...	Outil, objet, résultat, objectif ? ...
O	Où ?	Lieu, services ? ...
Q	Quand ?, Tous les quand ?, A partir de quand ?, Jusqu'à quand ?	Dates, périodicité, durée ? ...
C	Comment ?, Par quel procédé ? ...	Procédure, technique, action, moyens, matériel ? ...
C	Combien ?	Quantités, budget ? ...
P	Pourquoi ?	Justification, raison d'être ?

2 – Application de la méthode du QQOQCCP au thème du « TRANSPORT »:

QUI ?	QUOI ?	OÙ ?	QUAND ?	COMMENT ?	COMBIEN ?	POURQUOI ?
Pour qui ?	Avec quoi ?	Où ?	Quand ?	Comment ?	Combien ?	Pourquoi ?
HUMAINS	Voitures	Sur Terre	Tout le temps	Métal		Déplacer
MAMMIFERES	Camions	Sous Terre		Verre	Nombre	Travailler
OISEAUX	Avions	Sur mer		Plastique		Aller en vacances
REPTILES	Bateaux	Sous la mer		Ailes	Prix	Découvrir le Monde
POISSONS	Sous-marins	Dans l'espace		Roue		Faciliter la vie
VEGETAUX	Fusée	Dans le ciel		Energie		
INSECTES	Vélo					
BACTERIES	Roller					
VIRUS	....					
OBJETS						

3 – Application de la méthode du QQOQCCP au thème du « PNEU » :

Répondre à toutes les questions suivantes :

QUI ? => Pour qui réaliser un pneu ? :

QUOI ? => Avec quoi peut-on réaliser un pneu ? :

OÙ ? => Où doit-on utiliser des pneus ? :

QUAND ? => Quand doit-on utiliser des pneus ? :

COMMENT ? => Comment peut-on utiliser des pneus ? :

COMBIEN ? => Combien doit-on mettre de pneus au minimum à un véhicule terrestre ? :

POURQUOI ? => Pourquoi doit-on utiliser des pneus ? :

1 – L'énergie :

L'énergie est soit de la chaleur ou, soit du mouvement. La chaleur peut être transformée en mouvement et le mouvement peut être transformé en chaleur.

Chaque source de mouvements ou de chaleur, issue de la nature, peut être utilisée par l'homme pour améliorer son confort.

2 – Tableau récapitulatif des différentes sources d'énergie :

2-1 Energies renouvelables

Source	Transformateur	Transport	Conversion	Utilisation
Energies renouvelables				
Soleil	Panneaux Solaire	Electricité	moteur ou résistance	Mouvement ou Chaleur
			Panneaux chauffe eau	Chaleur
Vent	éolienne	Electricité	moteur ou résistance	Mouvement ou Chaleur
			Moulin	Mouvement
			Voile	Mouvement
Eau	Hydrolienne	Electricité	moteur ou résistance	Mouvement ou Chaleur
	Barrage	Eléctricité	moteur ou résistance	Mouvement ou Chaleur
			Moulin	Mouvement
Vivant			Musculaire	Mouvement
Biomasse				
Déjections	Digesteur	Biogaz		
Bois			Cheminée	Chaleur
Oléagineux	Broyeurs	Diester (Gasoil)	Moteur thermique	Mouvement & Chaleur
Céréales	Extracteurs	Ethanol (Essence)	Moteur thermique	Mouvement & Chaleur

2-2 Energie non-renouvelable :

Source	Transformateur	Transport	Conversion	Utilisation
Energie fossile				
Pétrole Brût	Rafinage	Carburant	Moteur thermique	Mouvement & Chaleur
Gaz Brût	Raffinage	Gaz	Moteur thermique	Mouvement & Chaleur
Energie minérale				
Charbon			Moteur vapeur	Mouvement & Chaleur
Uranium			Moteur vapeur	Mouvement & Chaleur

3 – Recherchez les différentes énergies utilisées par ces véhicules:

Voiture =>

Vélo =>

Bateau =>

Avion =>

Train =>

Fusée =>

1 – Le mouvement :

Tout mouvement peut être décomposé en six mouvements simples. Trois mouvements en rotation et trois mouvements en translation selon les trois dimensions.

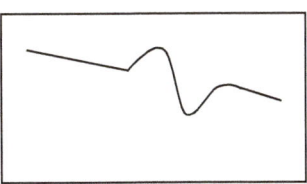 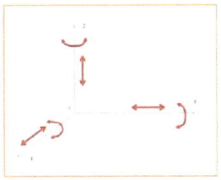

2 – La transformation du mouvement :

Chaque mouvement, issu de la nature, du vent, des eaux (rivière) a besoin d'une technologie adaptée pour être exploité par l'homme.

- Le vent :

L'éolienne est l'évolution du moulin. Aujourd'hui, l'éolienne permet de transformer le vent en électricité. Antérieurement, un moulin permettait de moudre le blé en farine. On utilise aussi le vent pour faire avancer les bateaux grâce à la voile.

 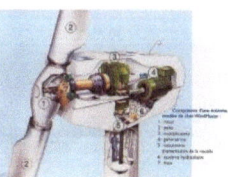 

- L'eau :

Les centrales hydroélectriques, communément appelées barrages, sont l'évolution des moulins. Une centrale hydroélectrique permet de transformer l'écoulement de l'eau en électricité. Antérieurement, un moulin permettait de moudre le blé en farine. On utilise aussi ingénieusement l'eau pour transporter facilement les charges lourdes, ci-dessous la schématisation du fonctionnement d'une écluse.

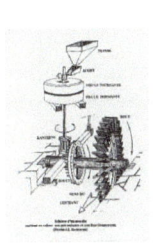 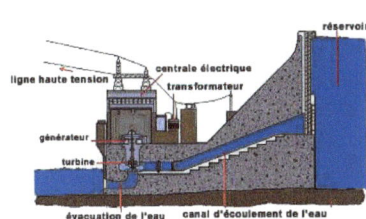 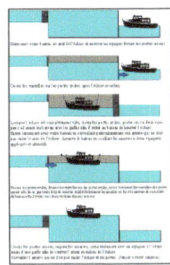

2- L'utilisation du mouvement :

Quelle est la source de mouvement utilisée par ces objets : eau ou vent ?

Bateau   =>

Moulin   =>

Eolienne   =>
                    -

Barrage   =>
                    -

1 – La chaleur :

La chaleur est mesurée par la température qui est appréciée par la notion de chaud ou de froid. La matière transporte la chaleur.

La chaleur circule dans la matière du point chaud vers le point froid.

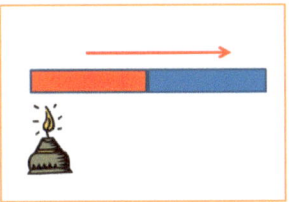

La grande source naturelle de chaleur est le soleil. C'est de la lumière.

La chaleur peut aussi avoir une origine biologique ou minérale. Cette chaleur est libérée par la combustion du pétrole, du bois ou du charbon avec l'oxygène. C'est de la chimie.

La chaleur est aussi produite par la circulation de l'électricité dans la matière. C'est l'effet Joule.

La dernière origine de la chaleur est la fusion ou la fission de la matière. C'est le nucléaire.

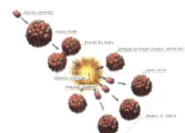

2- L'utilisation de la chaleur :

Quelle est la source de chaleur utilisée par ces objets : lumineuse, chimique, électrique ou nucléaire ?

Les serres   =>

Le radiateur   =>

Le chauffe eau =>

Le four   =>

L'ampoule   =>

2 – La transformation de la chaleur en mouvement.

La transformation de la chaleur en mouvements est récente. L'origine de cette découverte est du XVIIIème siècle grâce aux études de Denis Papin (né à Blois), de James Watt (Angleterre) ou des frères Montgolfier (1782).

2-1 Les moteur à vapeur :

1690 Denis Papin : « Nouvelle manière de produire à peu de frais des forces mouvantes extrêmement grandes ».

1712 Machine de Newcomen (Angleterre)

1784 Machine de Watt

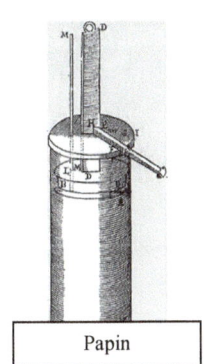

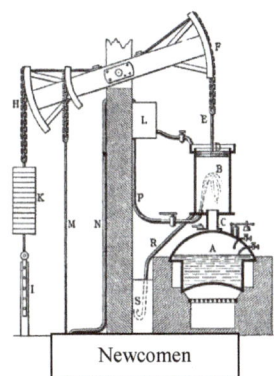

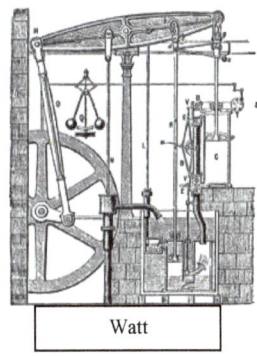

| Papin | Newcomen | Watt |

2-2 Les moteurs thermiques :

Au XIXème siècle, grâce aux découvertes en chimie, l'explosion devient plus commode et moins encombrante. Le premier moteur à explosion est créé en 1803 par François Isaac de Rivaz (Suisse). La mise au point est réalisée en 1860 par Etienne Lenoir (France), puis Rudolf Diesel (Franco-allemand). Elle améliore le principe en 1893 permettant d'utiliser l'auto-explosion.

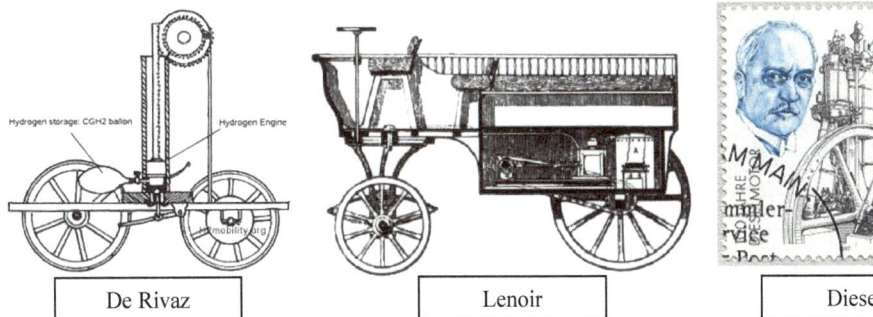

| De Rivaz | Lenoir | Diesel |

2-3 Les turbines :

Aujourd'hui, pour produire du mouvement à partir de la chaleur, les turbines à vapeur et à gaz ont remplacé les moteurs à vapeur et à explosion pour les grosses productions. Les premières turbines à vapeur voient le jour en 1887 par Charles Algernon Parson (Angleterre). Les turbines à gaz apparaissent au XXème siècle.

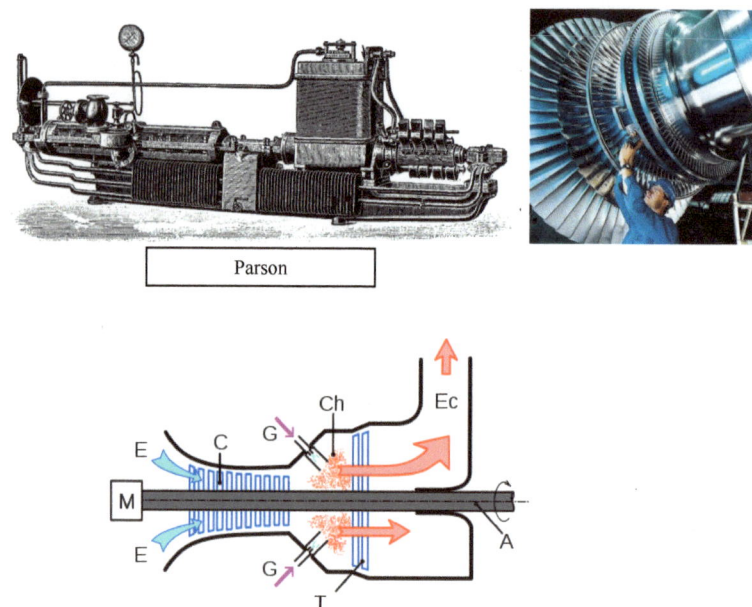

Parson

2- L'utilisation des moteurs :

Quelle motorisation est utilisée par ces objets : moteur thermique, turbine à vapeur, turbine à gaz ?

Centrale Nucléaire   =>

Automobile   =>

Scooter   =>

Avion à réaction   =>

Centrale Thermique   =>

15

1- Les mécanismes

Afin d'adapter les mouvements au besoin de l'homme, il a été nécessaire d'inventer des mécanismes. Il existe, entre autre, trois grands types de mécanisme très utilisés en mécanique. Ce sont les engrenages, les poulies-courroies et le système piston-bielle manivelles.

- Les engrenages :

Les engrenages permettent de transmettre un mouvement de rotation ou de transformer un mouvement de rotation en mouvements de translation.

Décrire le fonctionnement des mécanismes suivants :

- Transmission d'un mouvement de rotation   (1)
- Transformation d'un mouvement de rotation en mouvements de translation   (2)

Les renvois d'angles :

Vis sans fin :

Pignon crémaillère :

Pignons droits :

- Les poulies-courroies :

Le système poulies-courroie est facile et simple à concevoir. Cependant, il est beaucoup plus fragile que le système des engrenages.

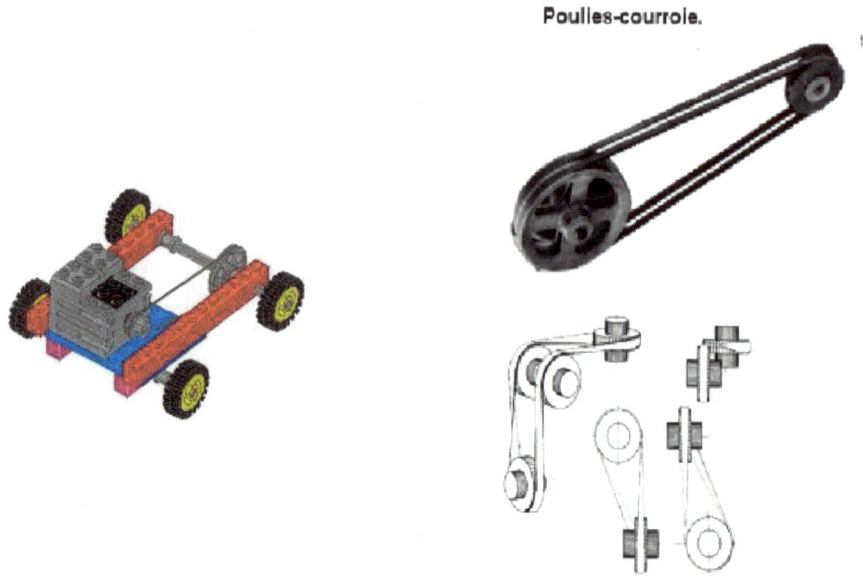

Poulies-courroie.

Trouver les sens de rotation des poulies.

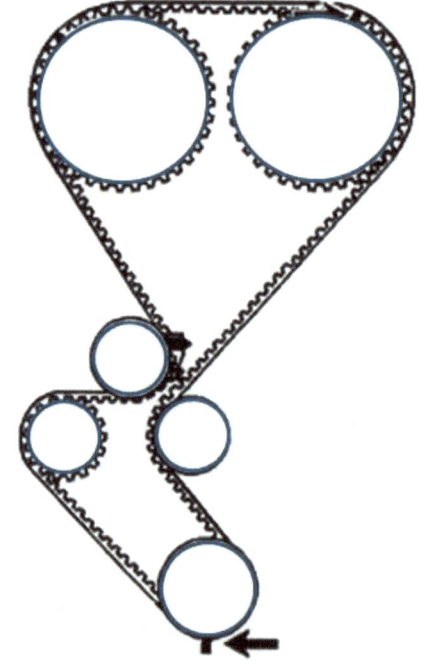

Le système piston-bielle manivelle :

Ce système est utilisé pour transformer un mouvement linéaire en mouvement de rotation ou vice-versa. On utilise cette technologie du piston-bielle manivelle dans les moteurs à explosion ou dans les pompes. Ce système est connu depuis très longtemps et était notamment utilisé pour actionner des scies dans un moulin.

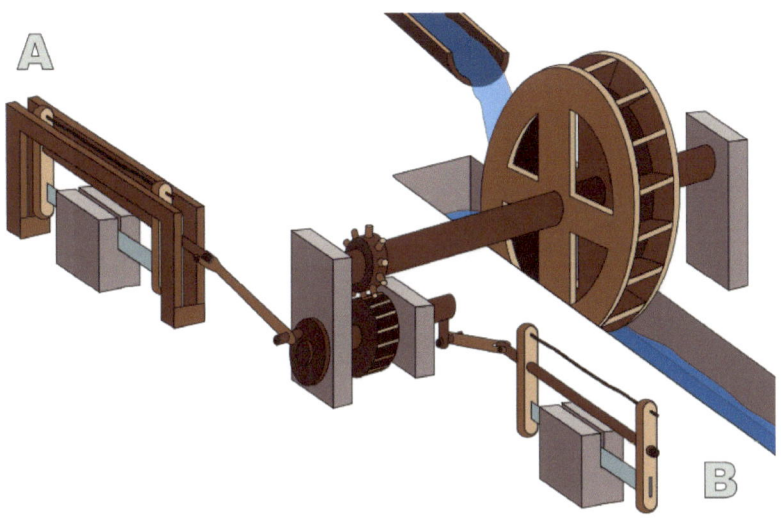

Schématisation du système :

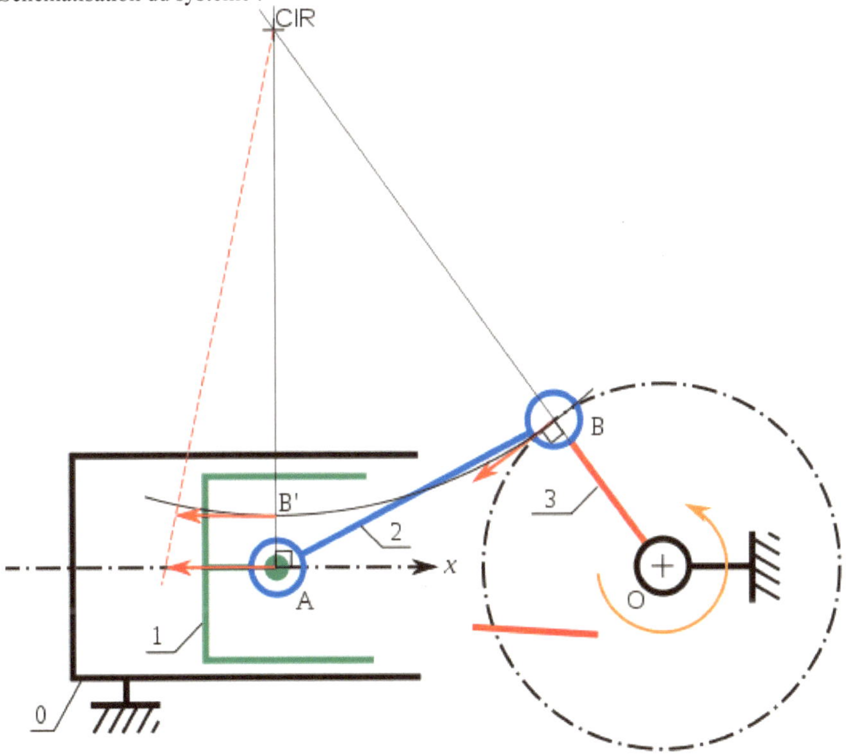

Découverte de l'objet technique

Afin de connaître le fonctionnement d'un objet technique, il est nécessaire :

- D'identifier l'objet technique.

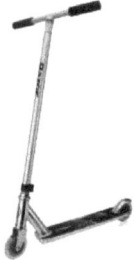

```

```

- D'identifier la fonction d'usage de cet objet.

```

```

• L'usage d'un objet doit être associé à un verbe.

- D'associer un besoin à l'usage de cet objet.

```

```

- De définir la fonction d'estime.

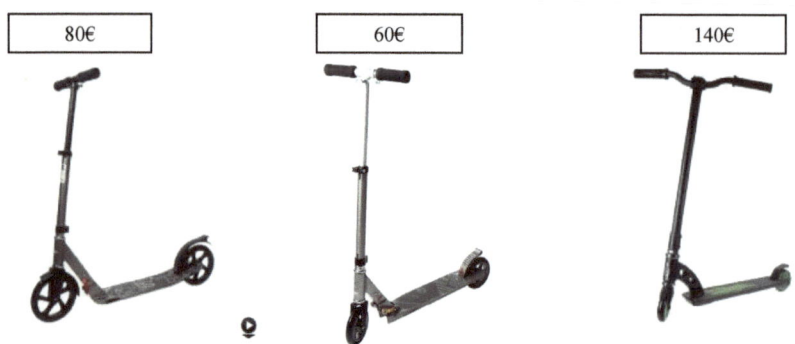

| 80€ | 60€ | 140€ |

A votre avis, pourquoi y a-t-il un prix différent pour un objet ayant la même fonction d'usage ?

- De comprendre le principe général de fonctionnement.

Comment fonctionne une patinette ?

La fonction d'usage de l'objet technique

L'homme fabrique de nombreux objets qui l'aident à se nourrir, se vêtir, se loger, se déplacer, s'instruire, se distraire ... Ces objets lui permettent de satisfaire les principaux besoins vitaux.

Effectivement, les besoins humains répondent à des exigences de la nature et de la vie en société.

Quels sont les besoins principaux de l'Humain ?

Les besoins principaux sont pour les Humains :

- Manger
- Dormir
- Voyager
- Divertir
- S'habiller
- Se protéger
- Rêver

Pour satisfaire tous ces besoins, l'homme a recours à la technologie, notamment pour améliorer ses conditions de vie et réduire sa peine en inventant de nouveaux outils qui permettront de réaliser plus facilement toutes les tâches.

Par exemple, pour se déplacer nous avons inventé des véhicules motorisés (avions, voitures, ...), ou pour réduire les tâches ménagères et ainsi améliorer notre hygiène, nous avons inventé un ensemble d'appareils ménagers (aspirateurs, lave-vaisselles, ...).

Aujourd'hui, la technologie s'oriente vers la conception de robots pouvant réaliser toutes les tâches répétitives et épuisantes.

La différence entre produit et objet :

Chaque objet est conçu et fabriqué pour répondre à des usages précis. Mais, il peut exister plusieurs produits différents pour répondre au même besoin. Par exemple : pour effectuer un déplacement estimé réalisable par une voiture, nous avons le choix entre plusieurs produits utilisant le même objet.

Nous pouvons donc acheter une voiture, louer une voiture ou appeler un taxi. Dans le premier cas, l'usager est propriétaire d'un bien. Dans les deux autres cas, l'usager achète **un service**. Autre exemple : un téléphone portable est **un objet** acheté par l'usager et lui permet d'accéder à différents services payants pour communiquer. L'ensemble est **un produit**.

Est-ce un produit ou un objet ?

1 :   2 :   3 :   4 :   5 :

Les objets techniques à usage complexe :

Un objet technique peut répondre à plusieurs fonctions d'usage. Par exemple : un ordinateur permet de créer des documents, de les ranger, de les transférer via Internet, d'en recevoir, d'écouter de la musique ou de regarder des films.

Exemple de la classe multimédia :

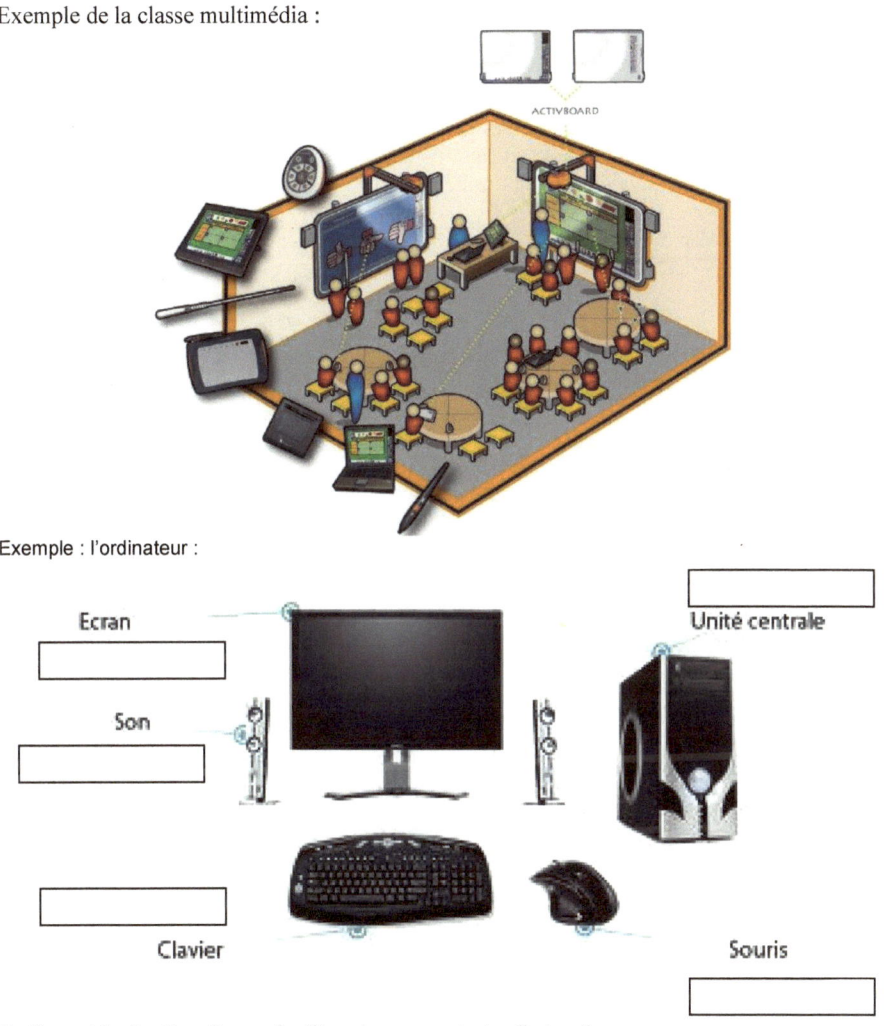

Exemple : l'ordinateur :

Ecran

Unité centrale

Son

Clavier

Souris

Quelles sont les fonctions d'usage des éléments composant cet ordinateur ?

La fonction d'estime de l'objet technique

Un objet technique est déterminé par ses fonctions d'usage mais aussi par son esthétique qui est de plus en plus prise en compte lors de son élaboration.

Effectivement, un objet doit de plus en plus devenir séduisant. De plus, il doit répondre aux différents goûts des utilisateurs. On parlera alors de **fonction d'estime**. Le plus souvent la fonction d'estime est liée au prix de l'objet. On pourra donc, à partir d'un objet, multiplier les formes, les couleurs et diversifier les solutions techniques.

Par exemple, un deux-roues motorisé pourra prendre la forme d'un scooter, d'une mobylette, d'un solex ou d'un vélo électrique, ayant chacun une multitude de profils et de couleurs. Attention la fonction d'estime ne s'apparente pas essentiellement à l'esthétique.

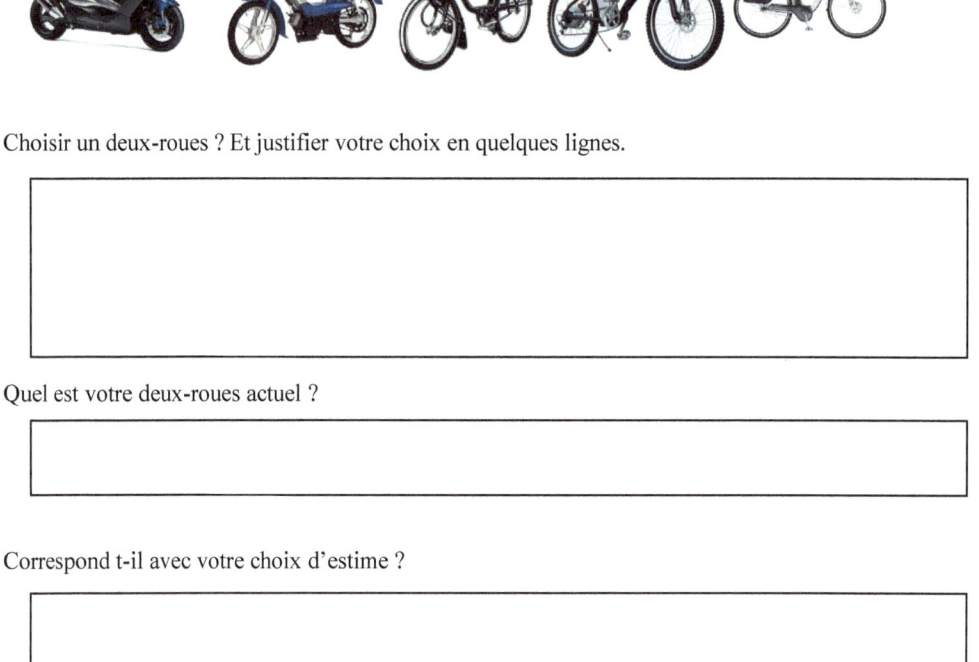

Choisir un deux-roues ? Et justifier votre choix en quelques lignes.

Quel est votre deux-roues actuel ?

Correspond t-il avec votre choix d'estime ?

Si l'esthétique des objets est toujours adaptée à la mode d'une époque, il est important de retenir que la mode ou l'esthétique ont toujours été dépendants du savoir- faire technique. Par exemple, le cadre d'un vélo a d'abord été en bois, puis métallique et maintenant en fibre de carbone. Et la mise en œuvre de ces matériaux n'offre pas les mêmes possibilités esthétiques et mécaniques.

| 1850 | 1900 | 1950 | 2000 |

Entre la draisienne de 1850 au vélo de 2000, quelles sont les évolutions ?

> Les évolutions marquantes entre la draisienne de 1850 et le vélo actuel sont l'évolution de la structure bois vers une structure acier en 1950 et maintenant en aluminium ou en carbone. La motorisation a elle aussi évolué, passant d'une poussée sur le sol à l'adjonction de pédale en 1900 et d'un ensemble de transmission pignon-chaîne en 1950 et un ensemble de vitesses en 2000. Les roues ont de même évolué avec l'ajout de pneus.

Décrire chaque vélo aux différentes époques :

    1850 :
    1900 :
    1950 :
    2000

Le savoir-faire technologique devenant toujours plus important. La fonction d'estime prend de plus en plus d'importance dans la conception des objets. Dans une équipe de concepteurs, le designer crée et conçoit un produit dont l'esthétique incitera l'achat.

A votre avis, pourquoi ce designer n'utilise pas l'outil informatique pour concevoir cette voiture ?

Les marques et les publicitaires utilisent les fonctions d'estime afin d'inviter le consommateur à imaginer ce qu'il aimerait être ou lui faire prendre conscience de ce qu'il est.

Qu'est sensé inspirer cette photo publicitaire à l'acheteur ?

Qu'est sensé inspirer cette publicité pour une paire de chaussures à l'acheteur ?

Le principe de fonctionnement de l'objet technique

Un objet technique assure sa fonction d'usage selon un principe général de fonctionnement : il vole, il roule, il flotte, etc ... Une fonction d'usage fait toujours appel à des lois physiques ou des systèmes techniques.

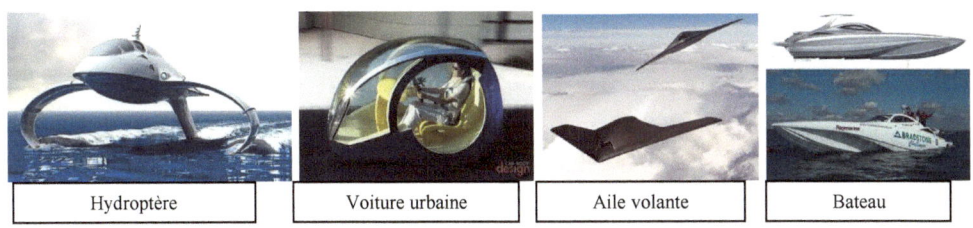

| Hydroptère | Voiture urbaine | Aile volante | Bateau |

Quel est le principe général de fonctionnement pour ces quatre véhicules ?

Hydroptère :
Voiture urbaine :
Aile volante :
Bateau :

Un véhicule à propulsion a sa motorisation à l'arrière et un véhicule à traction a sa motorisation à l'avant.

| Fusée | Moto | Voiture | Bateau |

Ces véhicules sont-ils à propulsion ou à traction ?

Fusée :
Moto :
Voiture :
Bateau :

Par exemple, un bateau à moteur est constitué d'une coque pour garantir sa flottaison et d'un moteur actionnant une hélice pour sa propulsion.

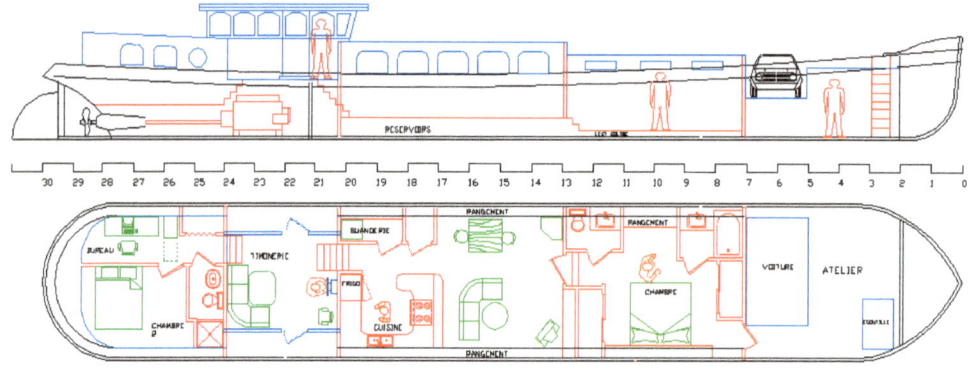

Luxemotor 30m x 5m C

Colorier en bleu le moteur de la péniche.

Autre exemple : un train, la locomotive est motorisée et actionne des roues qui sont guidées par des rails. L'énergie électrique est fournie par des câbles suspendus au-dessus du train et le contact se fait par des pantographes alimentant en énergie le moteur. La locomotive tracte des wagons.

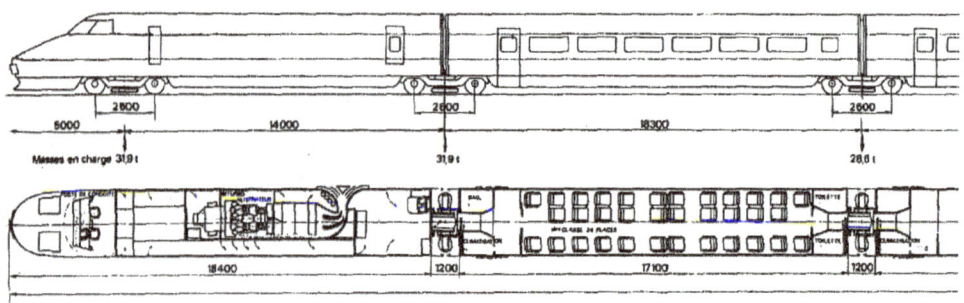

Colorier en bleu le moteur de ce train à grande vitesse.

Les principes de fonctionnement des objets volants : les objets volants sont maintenus en sustentation. L'avion vole grâce à l'action de l'air sur les ailes, due à la vitesse de propulsion.

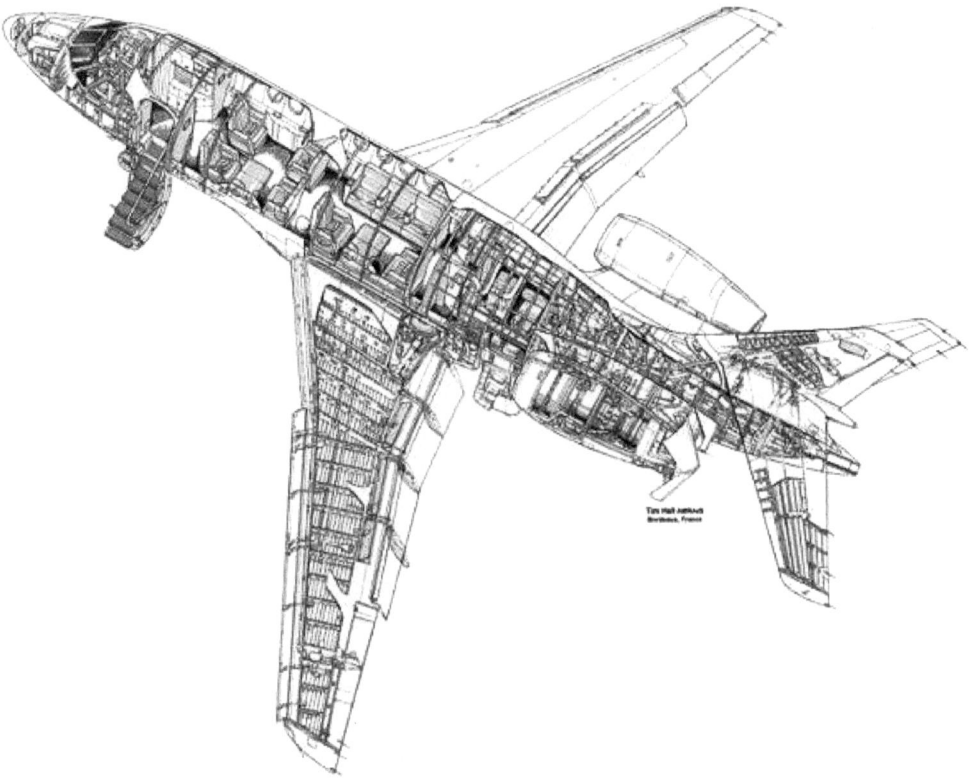

Colorier en bleu les moteurs de cet avion à réaction.

L'hélicoptère vole grâce à des ailes tournantes.

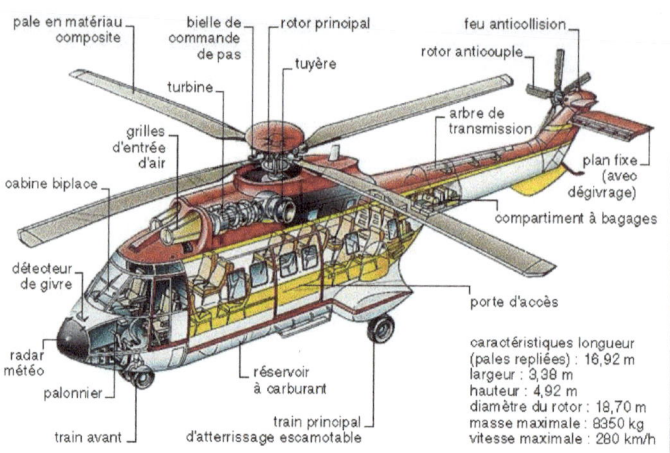

Comment s'appelle le moteur de cet hélicoptère ?

Le ballon libre vole grâce à l'air chaud qui est à une faible densité.

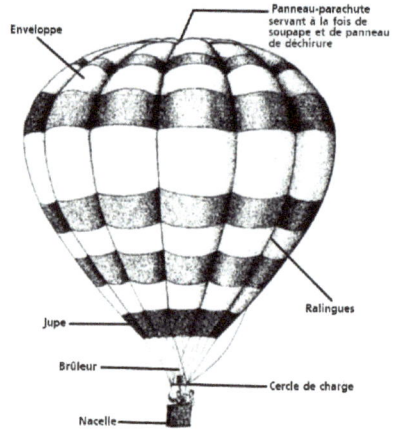

Comment s'appelle le moteur de cette Montgolfière ?

Le dirigeable vole grâce au gaz plus léger que l'air, contenu dans une enveloppe.

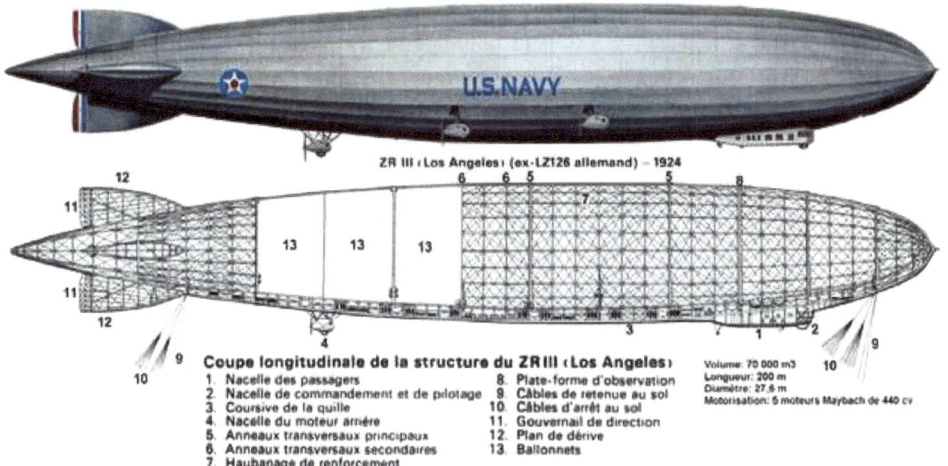

Encercler en rouge le ou les moteurs du dirigeable.

Innovation technologique : l'Hydroptère est la combinaison d'un bateau et des ailes d'avion. Les ailes sont positionnées sous la coque. Ainsi, avec la vitesse, le bateau se soulève. Le bateau n'est donc plus freiné par ce que l'on appelle le tirant d'eau et avance donc plus vite.

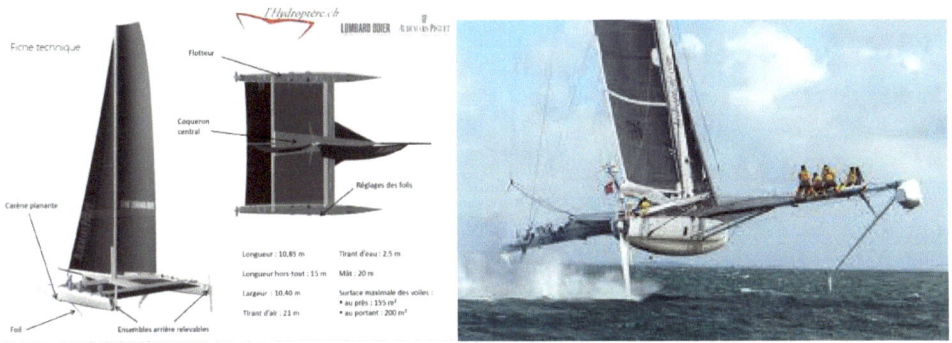

Quel est le nom du moteur de l'hydroptère ?

Dans ce chapitre, nous aborderons l'utilisation d'un produit. L'utilisation est relative au besoin auquel le produit répond. Nous aborderons donc les caractéristiques techniques, les conditions d'utilisation ainsi que leur gestion avant, pendant et après usage.

Le vélo est-il adapté aux besoins ci-dessus ?

Quelles sont les étapes de vie d'un vélo ?

Les caractéristiques techniques d'un produit

Identification du besoin : Il est nécessaire d'identifier le besoin afin d'associer les caractéristiques d'un produit. Par exemple, pour choisir un vélo, il faut déterminer son usage. Et ainsi choisir entre des vélos de sport, des vélos de route, des vélos de ville ou des vélos tout terrain.

Associer par un trait les vélos avec leur terrain d'utilisation.

Les caractéristiques techniques : Chaque produit, suivant l'usage pour lequel il a été conçu, propose des équipements de confort ou de sécurité différents décrits par sa *fiche technique*. Par exemple, le vélo de sport proposera un ensemble allégé, une possibilité de 24 vitesses associées à des freins spécifiques et une conception globale permettant une position aérodynamique. Le vélo de ville proposera, à contrario, un ensemble compact, une possibilité de 5 vitesses, une conception permettant une position de conduite droite et divers composants comme la béquille, l'éclairage, la sonnette, le panier, etc...

Lequel de ces deux vélos présente les caractéristiques du vélo de ville ?

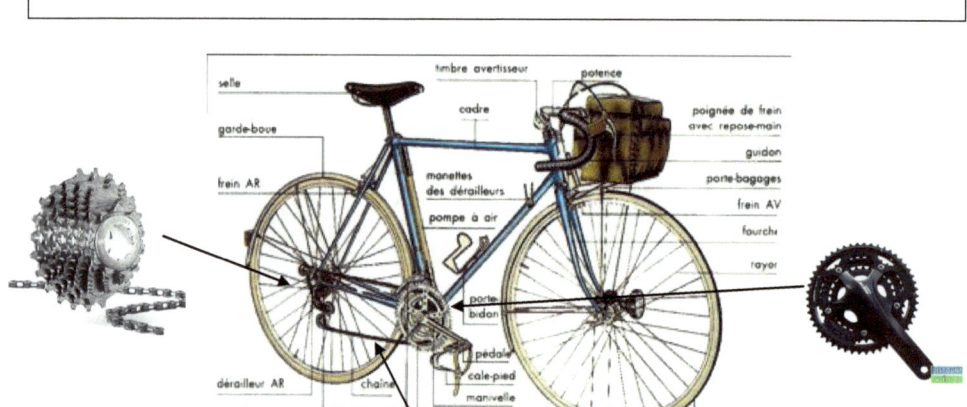

Ce vélo de route a cinq pignons sur la roue arrière et trois plateaux au pédalier. Combien y a-t-il de vitesses possibles ?

Les performances techniques : Pour un même produit, nous pourrons trouver diverses performances techniques. Par exemple, pour un vélo de ville à assistance électrique, nous pourrons évaluer plusieurs critères comme son autonomie, son poids, sa vitesse maximum et son temps de recharge.

Easy Max Homme   Easy Cruiser

	Easy Max Homme	Easy Cruiser
Cadre et fourche	Aluminium 6061	Aluminium 6061
Position Moteur	Roue Arrière	Roue Arrière
Moteur	250W Brushless	250W Brushless
Batterie	Li-ion 24V | 8Ah	Li-ion 36v | 10Ah
Autonomie	25-40 Km	40-60 Km
Transmission	Shimano Tourney 6	Shimano Alivio 7
Capteur	Capteur de rotation	Capteur de rotation
Batterie portable	Oui	Oui
Temps de charge	5 heures	5 heures
Frein avant	V-brake	V-brake
Frein arrière	V-brake	V-brake
Poids	23.5 Kgs	24.8 Kgs
Prix	1099 €	1349 €
Charge max	100 Kgs	110 Kgs
Taille utilisateur	1,55 à 2,00 m	1,55 à 2,00 m

Entre ces deux vélos électriques, quelles sont les performances techniques qui diffèrent ?

Les tests comparatifs : Le prix est généralement un bon indicateur concernant la qualité du produit présentée à travers sa fiche technique. Cependant, il est nécessaire de comparer plusieurs produits avant de l'acheter. Des organismes tels que « 60 millions de consommateurs », « Que Choisir ?», etc ... proposent des évaluations comparatives sur la plupart des produits en réalisant des tests d'usage. Par exemple, pour un casque de vélo, la stabilité sur la tête, l'absorption aux chocs, la résistance du système ou l'esthétique seront évalués et comparés.

Le protocole d'essais :

Champ de vision : Le casque ne doit en aucun cas gêner la vision du cycliste. L'essai est effectué avec visière.

Système de rétention : Une sangle dotée d'un poids de 10 kg est fixée à l'arrière du casque placé sur une fausse tête. Le casque doit rester solidaire de la tête mannequin quand le poids tombe. <u>Résistance :</u> On fait chuter un poids de 4 kg attaché à la jugulaire du casque. Pendant le choc, on mesure le déplacement de la fausse mâchoire puis, 2 minutes après, l'allongement résiduel des sangles.

Absorption des chocs : Après être passés dans des étuves conditionnées à des températures extrêmes (+ 50 °C ou ? 20 °C pendant 5 heures ou ambiance humide) pour simuler le vieillissement des matériaux, trois exemplaires de chaque référence subissent un choc sur des enclumes qui reproduisent la bordure d'un trottoir ou un revêtement plat. L'accélération maximale de la tête artificielle est mesurée lors de chaque impact.

Commodité d'emploi : Chaque référence de casque a été portée par au moins 6 personnes. Le réglage des sangles, l'ajustement au tour de tête, le confort ont été notés. Puis le casque est fixé sur une tête artificielle chauffée à 60 °C puis placé en soufflerie pendant 90 secondes. La répartition de la température sur la tête d'essai est ensuite relevée par thermographie.

Finition : Les experts du laboratoire évaluent la qualité de finition sur les critères suivants: liaison entre calotte intérieure et coque extérieure, réglage du tour de tête, présence d'un filet qui empêche les insectes de pénétrer sous le casque.

Notice La notice doit porter toutes les indications utiles pour que le casque soit bien positionné. La conformité à la norme NF EN 1078 est vérifiée.

Qu'est-ce qu'un protocole d'essais ?

Les conditions d'utilisation d'un produit

La notice d'utilisation : Après avoir acheté un produit, il est courant de se reporter à la notice d'utilisation du produit. Notamment, dans le cas où le produit doit être monté. Si une adaptation à l'utilisateur doit être faite. Si le produit nécessite un entretien particulier mais aussi pour connaître les dangers ou les règles de sécurité ; et, plus simplement, pour s'informer des conditions de fonctionnement.

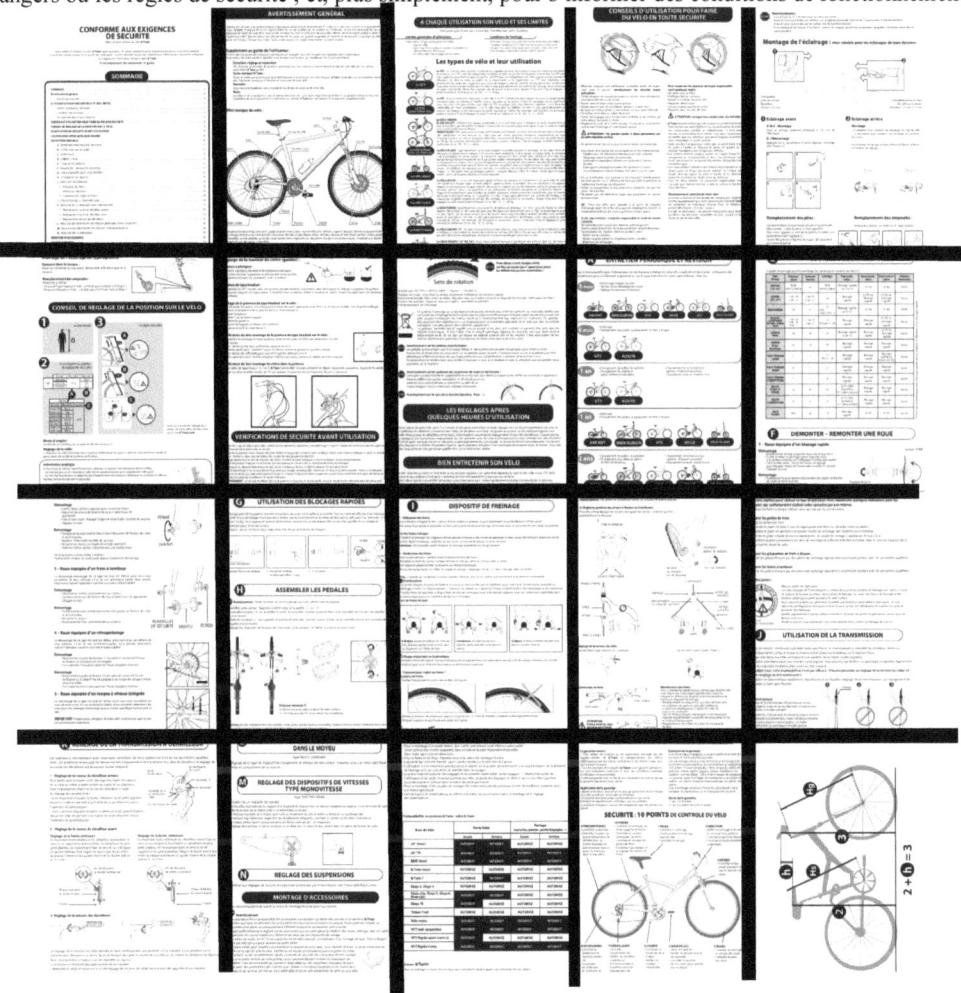

Combien comptez-vous de pages à cette notice ?

Les règles d'usage : Certains produits nécessitent une connaissance supplémentaire à la notice d'utilisation, notamment pour l'ensemble des véhicules. Il est nécessaire d'apprendre les règles de circulation : « code de la route ».

Les équipements obligatoires :

La signalétique pour les vélos est la même pour les voitures.

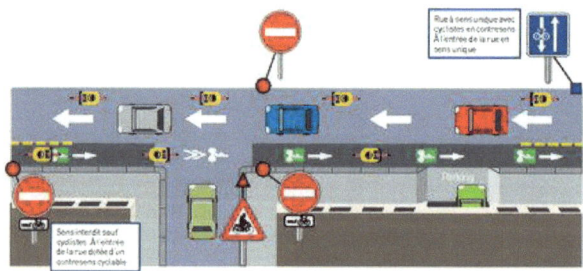

Qu'indique ce schéma autoroutier ?

L'usage : Certains produits nécessitent une formation prodiguée par un professionnel ou non. Par exemple, apprendre à faire du vélo : soit, trouver l'équilibre, évaluer sa vitesse face aux obstacles tel qu'un virage ou se servir des freins. L'usage d'un produit, sans formation préalable, peut s'avérer dangereux. Comme, par exemple, user uniquement du frein avant d'un vélo.

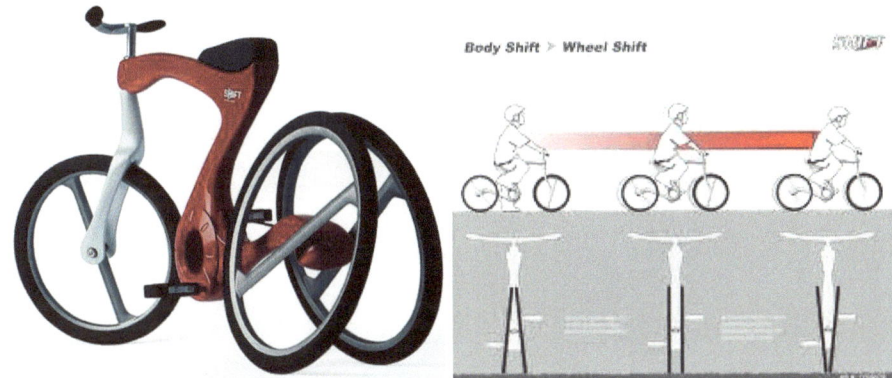

A qui ce vélo peut-il être utile ?

La gestion d'un produit

Le cycle de vie d'un produit : Chaque produit est caractérisé par sa durée de vie. Effectivement, l'usage occasionne l'usure générale du produit. Et, de ce fait, tout produit finit au rebut. Dans un souci de protection de notre environnement et de proscrire les décharges publiques ou sauvages, tous les produits usagés doivent être préférablement recyclés ou incinérés.

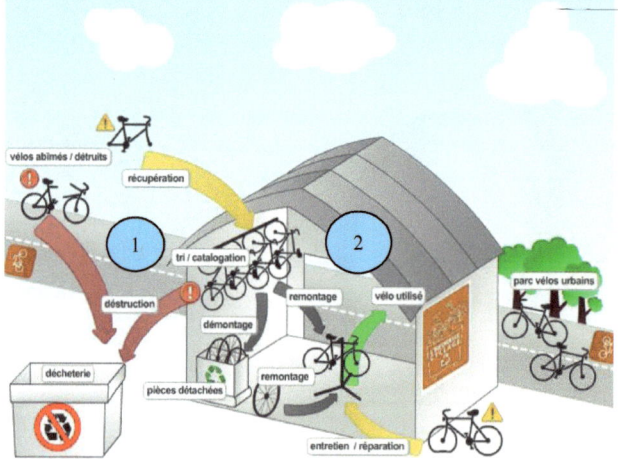

Les vélos, mais en général les véhicules, ont une filière de recyclage. En vous inspirant du schéma ci-dessus, expliquez comment fonctionne cette filière de recyclage ?

Le recyclage : L'avantage du recyclage réside en la réutilisation des matières premières ; ce qui évite l'importation de matières premières, l'exploitation de gisements miniers ou la déforestation et permet une véritable économie. Aujourd'hui, les métaux, les papiers, les plastiques et les déchets verts sont de plus en plus recyclés.

Les métaux :

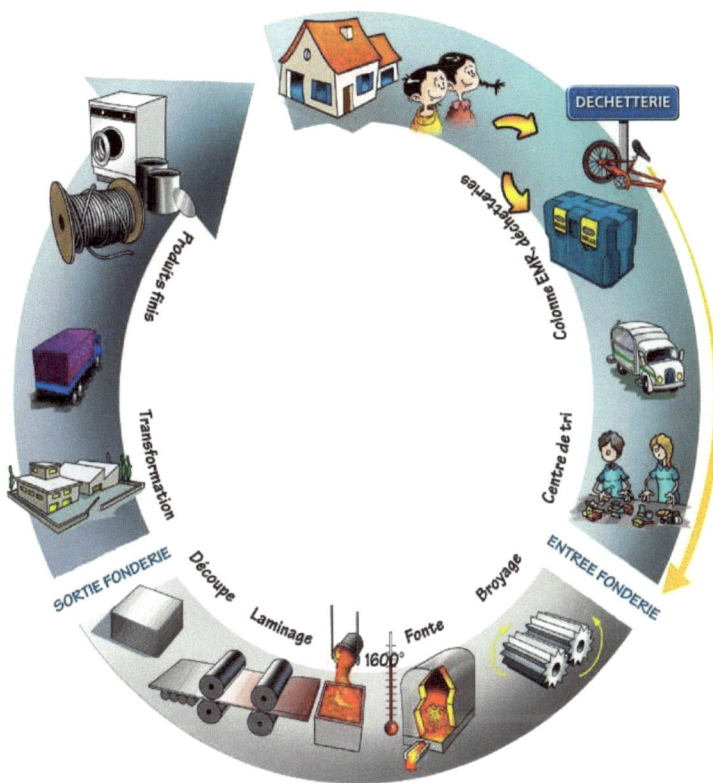

Pourquoi les métaux peuvent-ils être recyclés ?

Les plastiques :

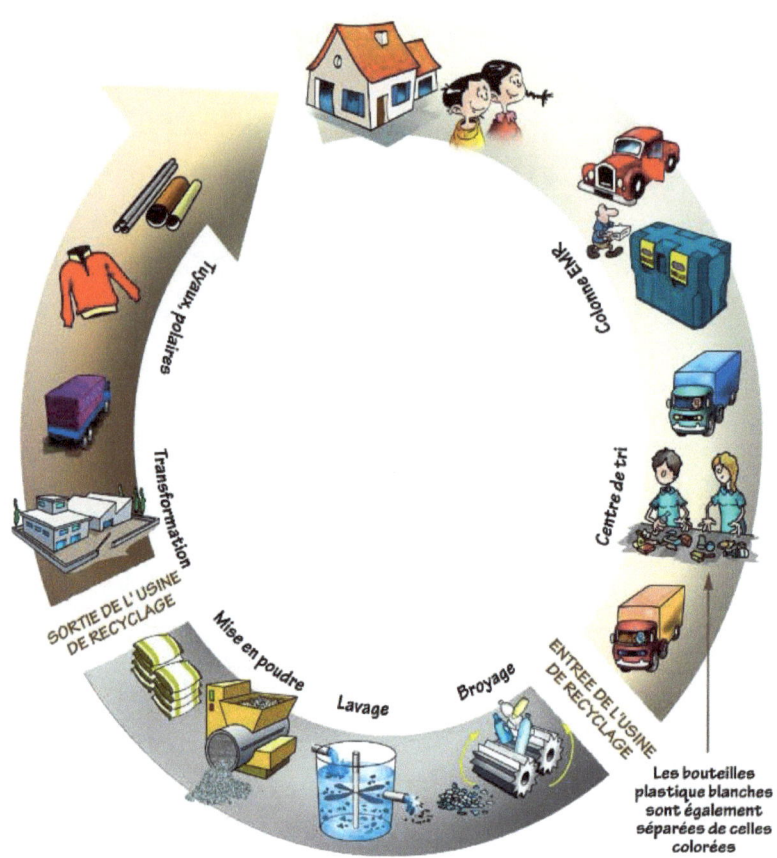

Pourquoi les plastiques peuvent-ils être recyclés ?

Le papier :

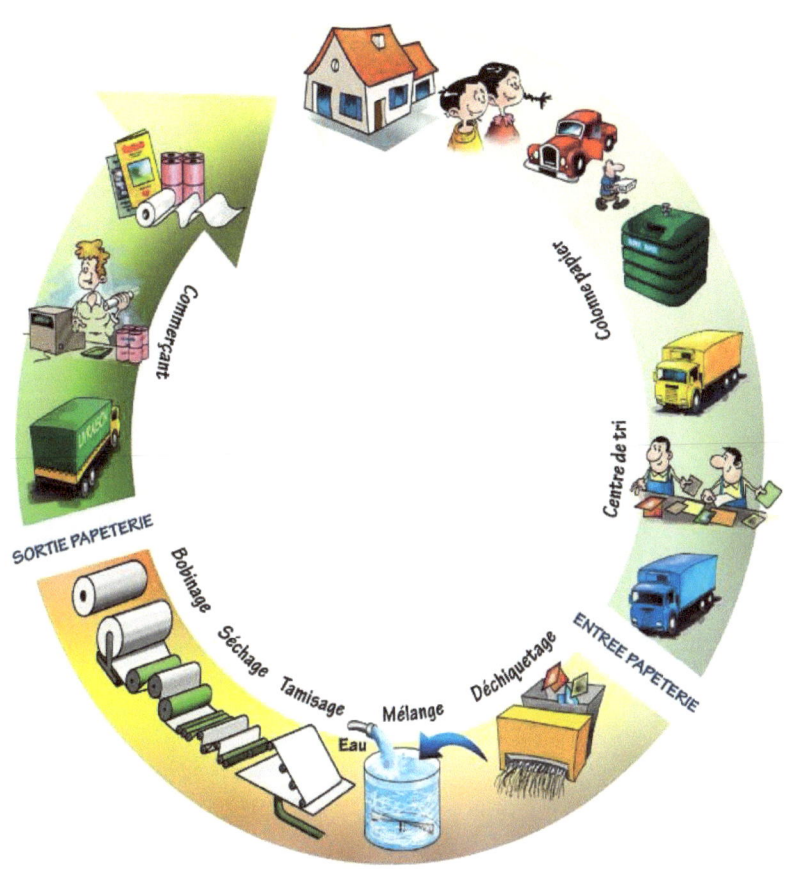

Pourquoi le papier peut-il être recyclé ?

Le verre :

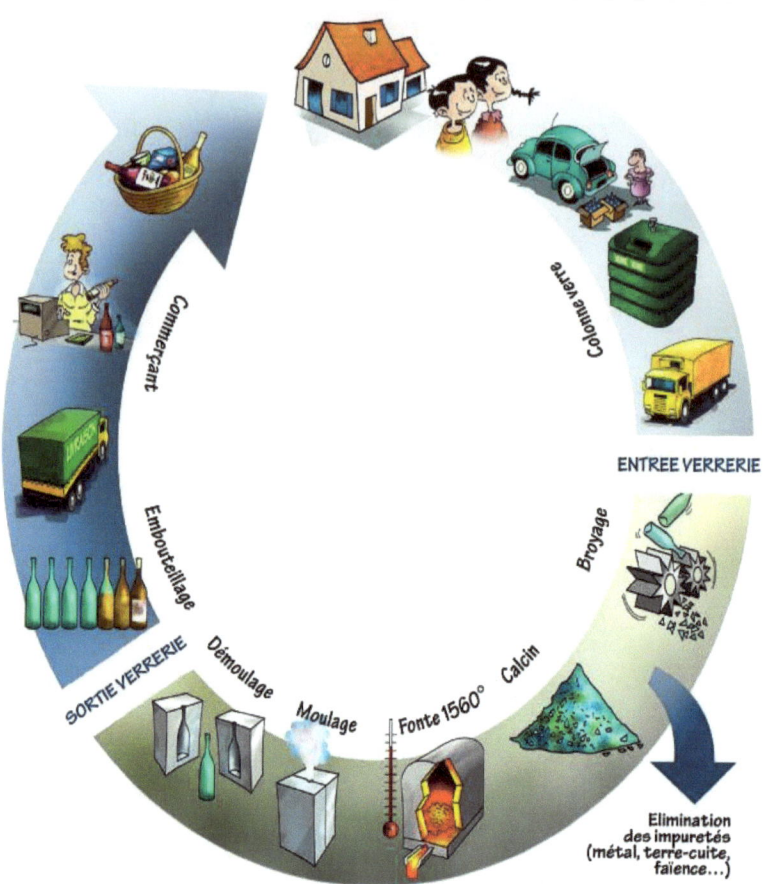

Pourquoi le verre peut-il être recyclé ?

Les matériaux de construction :

 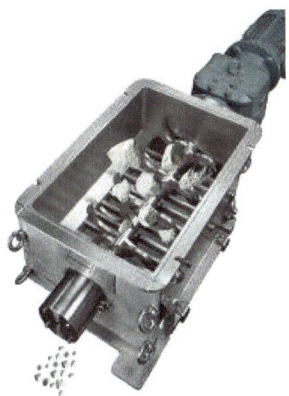

Que peut-on faire avec du sable ?

La biomasse :

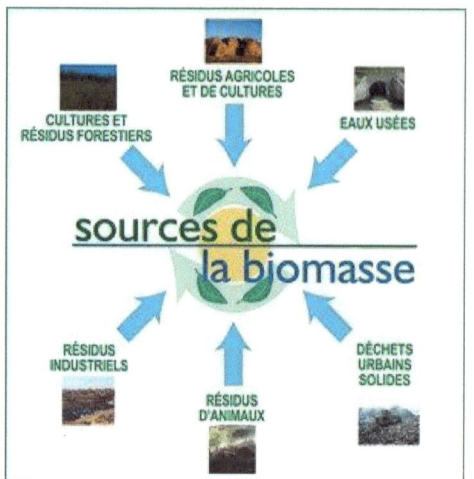

Schéma de principe d'une usine biomasse

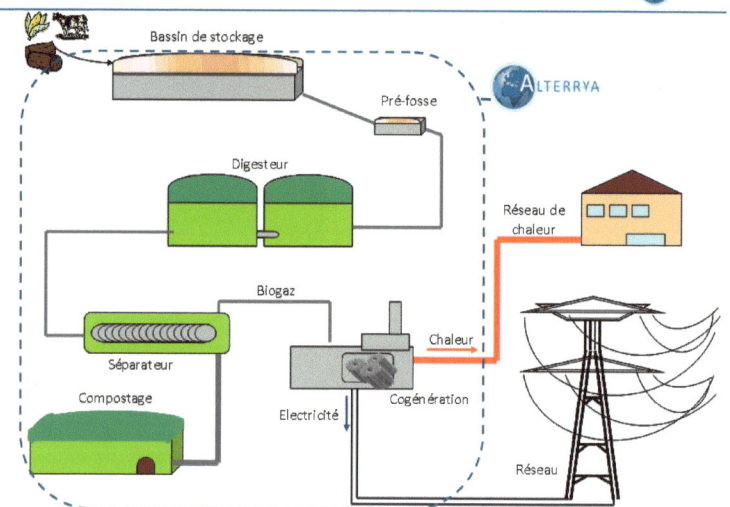

A quoi sert le composte ?

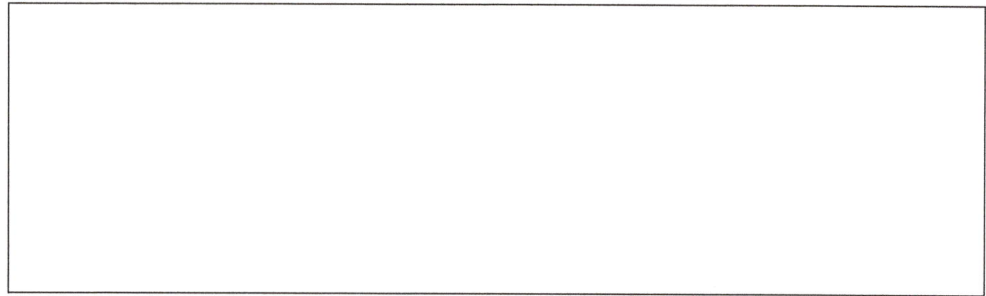

L'incinération : A l'aide des produits usagés, nous produisons de l'électricité. Les poubelles collectées sont broyées. Les matériaux ferreux sont séparés par aimantation et sont recyclés. Les végétaux sont récupérés pour faire du terreau. Le reste considéré non recyclable est incinéré dans une chaudière. La chaleur produite est utilisée pour fabriquer de l'électricité. Les résidus d'incinération, appelés mâchefer, sont utilisés pour fabriquer des routes et les fumées sont traitées par filtration afin de ne pas polluer l'air.

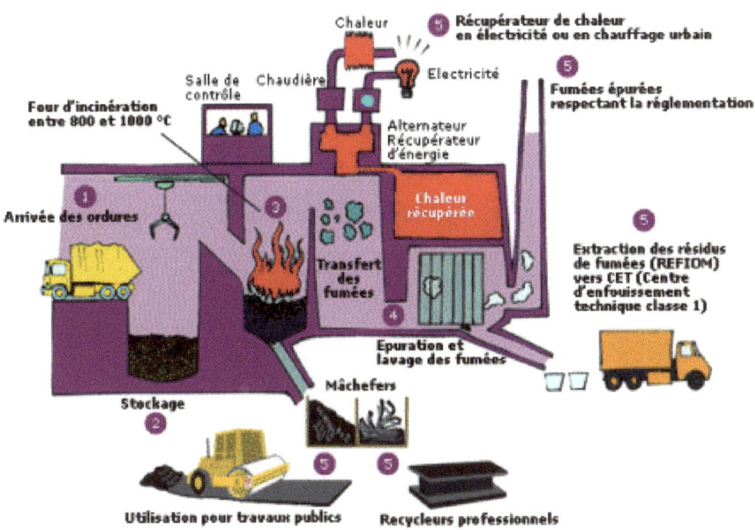

L'incinération, est-ce une solution d'avenir ?

L'environnement en chiffre : Les déchets, par personne, ont quasiment doublé et sont passés de 0,5 kg à 1 kg par jour. Malgré un gros effort en France pour trier et récupérer nos déchets, seuls 50% d'entre eux sont traités, dont 35% sont incinérés, 8% sont recyclés, 7% sont compostés. Les 50% restants sont encore stockés en décharges ou en centres d'enfouissement. (http://www.notre-planete.info/ecologie).

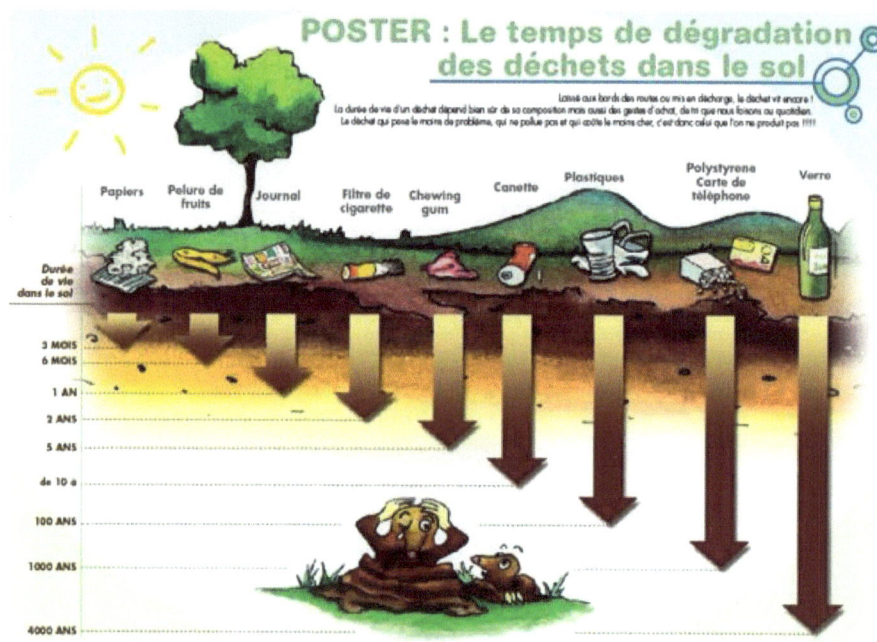

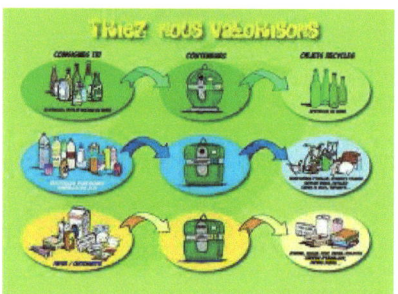

Associez le type de déchets recyclé à la couleur du conteneur :

Bleu =>
Vert =>
Jaune =>

La voiture verte :

Les constructeurs repensent la conception des voitures pour qu'elles soient **recyclables** à 85 % (en masse) dès à présent et à 95 % en 2015, conformément à une norme européenne. L'enjeu est de taille. Si le **recyclage** des métaux - essentiellement de l'acier et de l'aluminium - est chose courante, ce n'est pas le cas des plastiques.

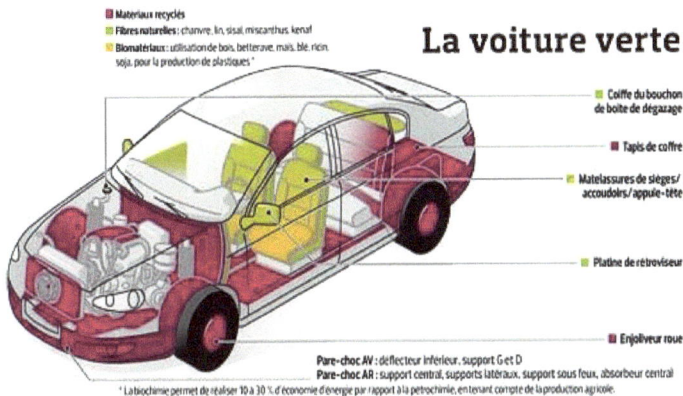

Le recyclage des objets est-il l'avenir de notre société ?

Avons-nous d'autres solutions pour ne plus avoir de déchets ? (Sans se priver du confort technologique.)

Dans ce chapitre, nous aborderons l'utilisation et le fonctionnement d'un objet technique.

Un objet technique répond à une fonction d'usage et peut dans un grand nombre de cas se décomposer en deux parties :

     - Une partie commande : il s'agit de la partie qui permet de donner des ordres (poignée de frein, pédale d'accélérateur, volant, etc, …)

Désigner par leur nom les différentes commandes : levier de vitesse, klaxon, chauffage, volant, GPS, compteur de vitesse, compte tours, accélérateur, frein, embrayage.

- Une partie opérative : il s'agit de la partie qui effectue les actions physiques (déplacement, émission de lumière, etc…). Une partie opérative pourra de même être divisée en trois sous-parties : la partie actionneurs (moteurs ou tout élément qui agit sur la machine), les transmissions (pignons-chaînes, engrenages …) et la partie effecteurs (roues, ailes, coques, hélices, etc …)

Qualifier les trois éléments fléchés : est-ce un effecteur, une transmission ou un actionneur ?

Les fonctions techniques

Les fonctions techniques : Pour répondre aux fonctions d'usage, un objet technique est composé de fonctions techniques. Trois grands mécanismes permettent de transmettre, transformer et adapter le mouvement. Ces mécanismes sont eux-mêmes composés par des liaisons qui autorisent des mouvements (translations, rotations) dans les directions souhaitées.

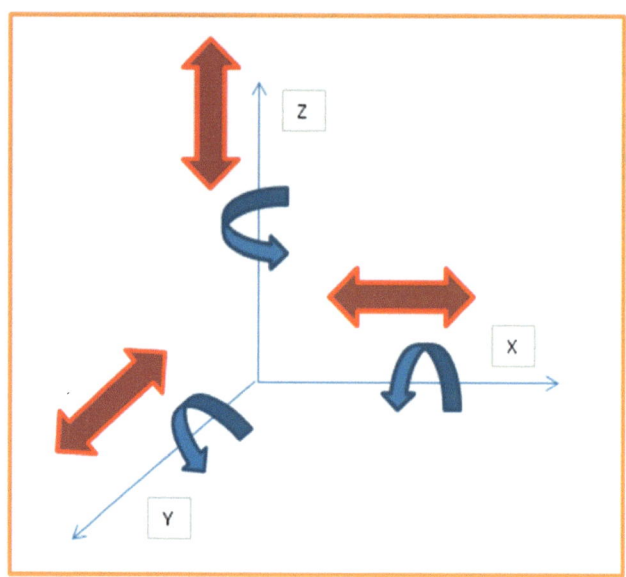

Dans les trois dimensions, combien y a-t-il de mouvements simples permettant de réaliser des mouvements composés ?

Les mécanismes

Les mécanismes : Les grands mécanismes permettant de couvrir une large réponse technologique sont au nombre de trois.

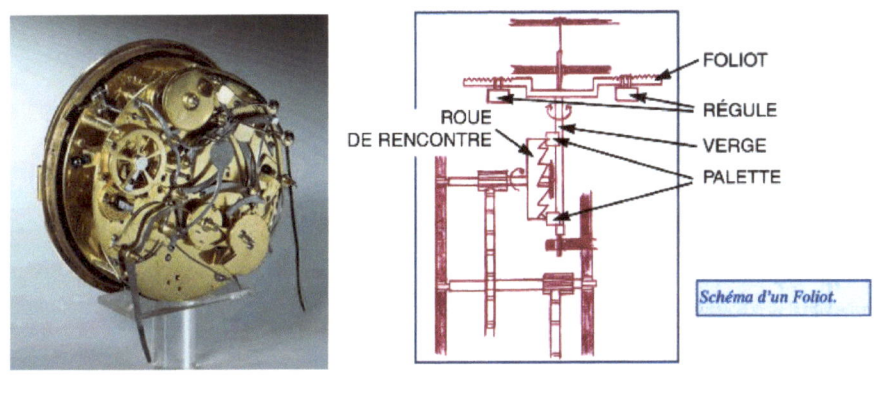

Schéma d'un Foliot.

Ce mécanisme est le plus ancien connu, il s'agit d'un ensemble d'engrenages, à quel type d'objet appartient-il ?

Pouvez vous cité un des mécanismes d'un véhicule ?

Les engrenages : Les engrenages sont des ensembles de roues dentées permettant de transmettre et d'adapter les mouvements de rotation. Les engrenages sont largement utilisés dans les boites de vitesses. Certains engrenages spéciaux transforment le mouvement de rotation en mouvement de translation. Il s'agit de la crémaillère (volant de direction).

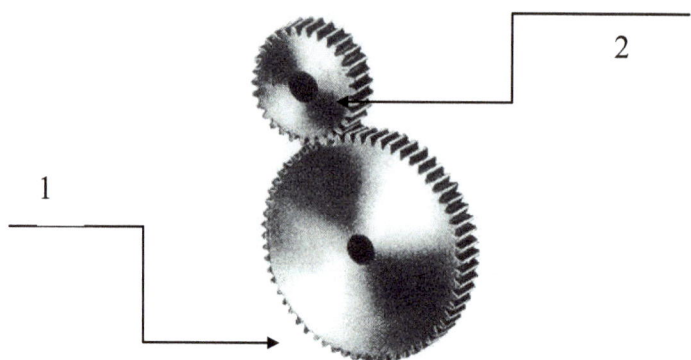

Le grand pignon (1) a 10 fois plus de dents que le petit pignon (2). Si le pignon (1) fait un tour, combien de tours fait le pignon (2) ?

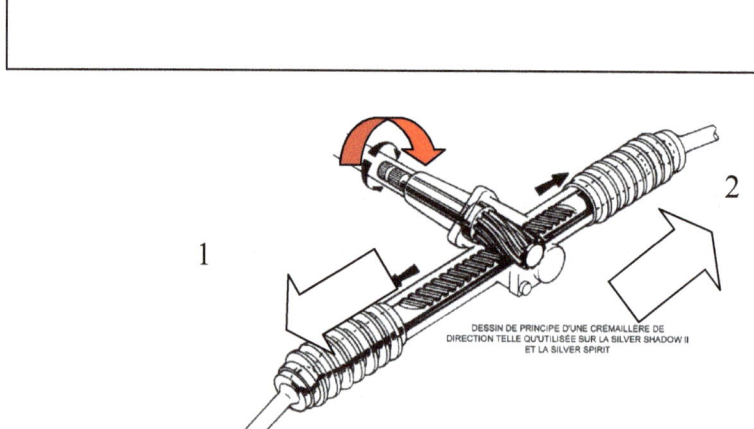

Dans quel sens vas la crémaillère si le pignon tourne dans le sens des aiguilles d'une montre (sens horaire) ? Sens 1 ou sens 2 ?

Les poulies courroies : Transmettent par **adhérence**, à l'aide d'un lien flexible « la courroie », un mouvement de rotation continu entre deux arbres éloignés. Cependant, la courroie flexible est fragile. C'est pourquoi, sur le même principe, nous trouvons le système « pignons chaînes ». C'est le mécanisme que l'on trouve sur les vélos. Le système « pignon chaîne » associé à plusieurs pignons de tailles différentes permet d'adapter l'effort et le mouvement. Nous les appelons les pignons de vitesse. Les poulies, associées à une corde, permettent de soulever les charges avec moins d'efforts.

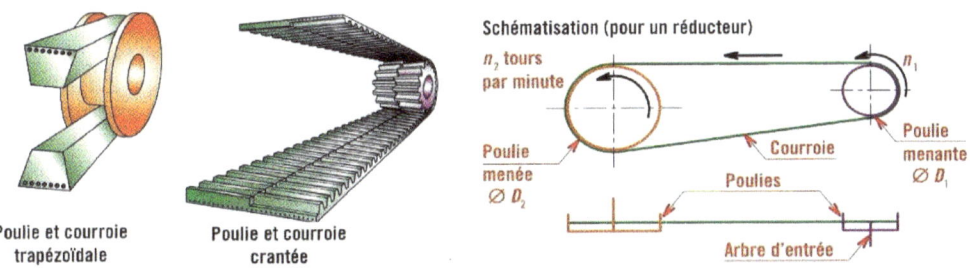

Poulie et courroie trapézoïdale

Poulie et courroie crantée

Si la poulie menante est 2 fois plus petite que la poulie menée, quelle sera la vitesse de rotation de la poulie menée si la poulie menante tourne à 100 tours par minute ?

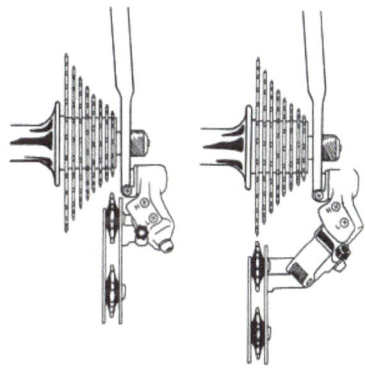

Le dérailleur d'un vélo permet de tendre la chaîne, connaissez-vous une autre fonction du dérailleur ?

Le piston-vilebrequin : Souvent appelé le système bielle-manivelle, cet ensemble technique permet de transformer un mouvement de rotation en mouvements de translations alternatifs et inversement.

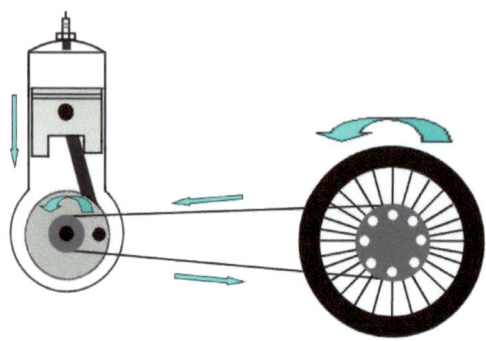

Dans quel objet cet ensemble mécanique est t-il utilisé ? (Piston-bielle-vilebrequin, pignons-chaine et roues ?)

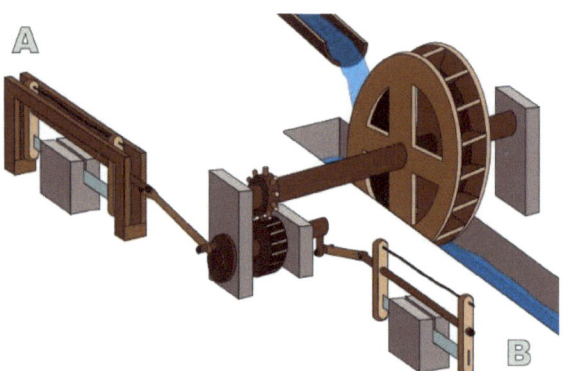

Entourer le vilebrequin de ce mécanisme.

Les liaisons

Les liaisons : Au nombre de 11, les liaisons permettent d'autoriser ou de ne pas autoriser les mouvements simples (3 translations, 3 rotations). Les liaisons sont à la base de tout mécanisme. Les mouvements autorisés par une liaison s'appellent les degrés de liberté.

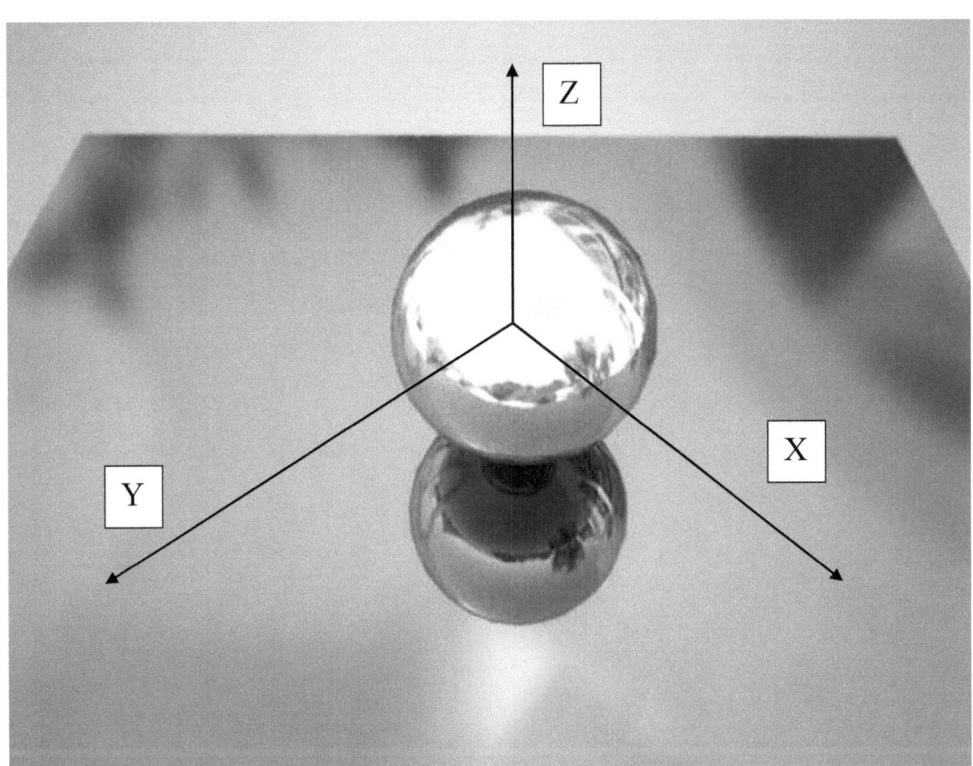

Quel est le degré de liberté perdu par cette bille du fait de son repos sur une plaque. S'agit-il d'une rotation ou d'une translation ?

Et sur quel axe ne peut-elle plus être translatée ?

Liaison encastrement : Cette liaison supprime 3 rotations et 3 translations. Exemple : assemblage par rivet ou soudage.

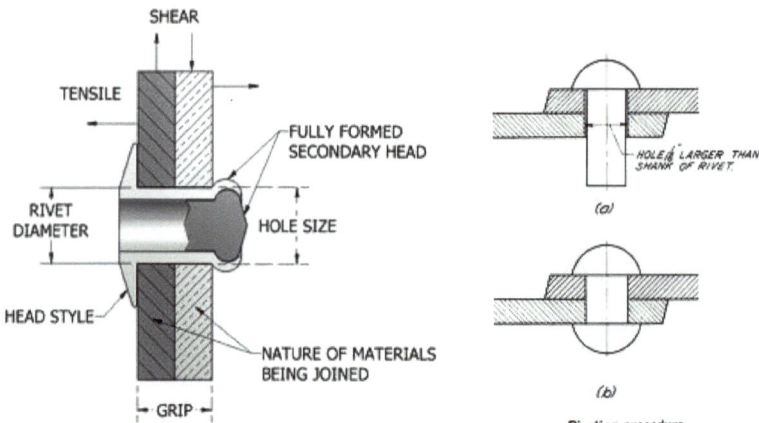

Riveting procedure.

Liaison ponctuel : Cette liaison supprime 1 translation.
Exemple : la toupie

Liaison rectiligne : Cette liaison supprime 1 rotation et 1 translation.
Exemple : les engrenages

Liaison linéaire annulaire : Cette liaison supprime 2 translations.
Exemple : le piston de baratte

Liaison rotule : Cette liaison supprime 3 translations.
Exemple : les attelages de caravanes

Liaison pivot glissant : Cette liaison supprime 2 rotations et 2 translations.
Exemple : les lignes de figurines des babyfoots.

Liaison appui plan : Cette liaison supprime 3 rotations.
Exemple : une chaise ou un tabouret

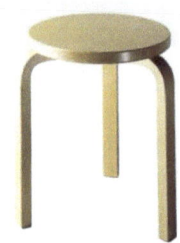

Liaison pivot : Cette liaison supprime 2 rotations et 3 translations.
Exemple : la pédale ou entre le cadre et le guidon d'un vélo.

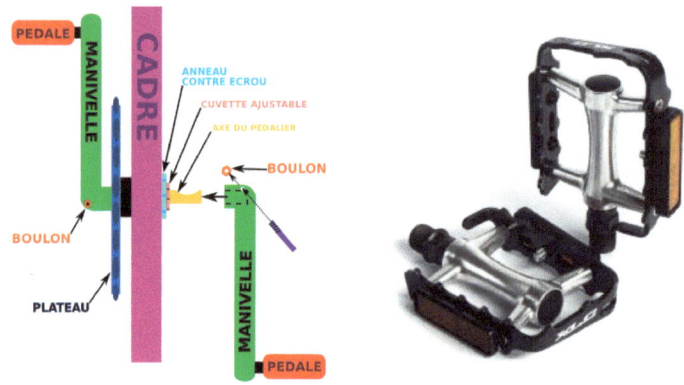

Liaison glissière : Cette liaison supprime 3 rotations et 2 translations.
Exemple : sur assemblage en queue d'aronde ou sur les tiroirs.

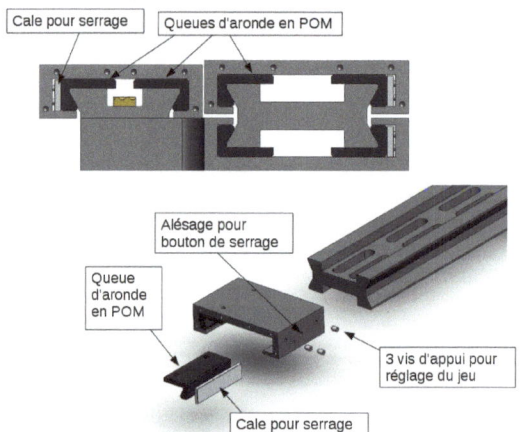

Liaison hélicoïdale : Cette liaison supprime 2 rotations et 2 translations.
Exemple : les écrous et les boulons

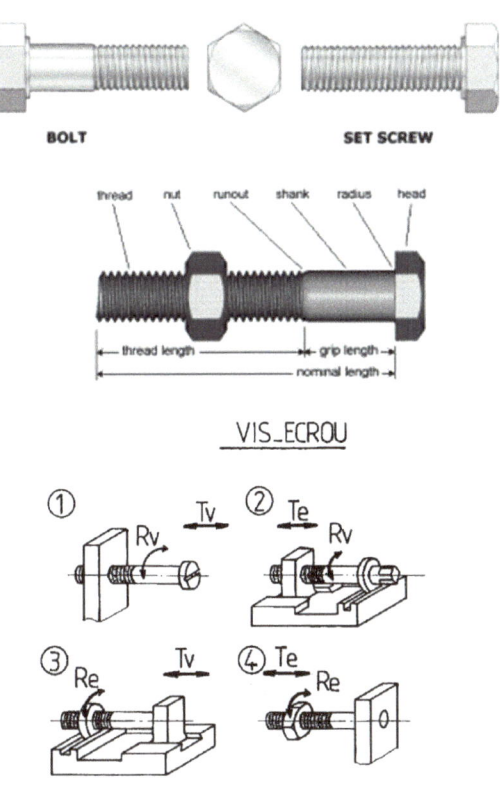

Liaison rotule à doigt : Cette liaison supprime 1 rotation et 3 translations. Exemple : les joins de cardans ou les manettes de jeux (manche).

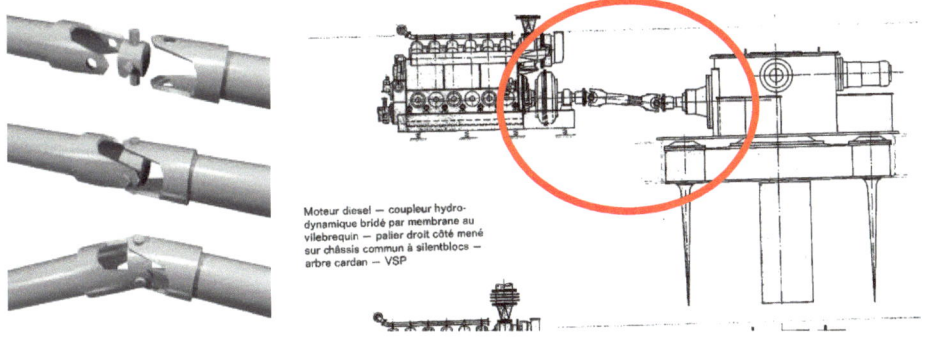

Le montage et le démontage

Le montage et le démontage : Les objets techniques sont généralement constitués de mécanismes ou de pièces en mouvements. Ces pièces internes ou externes sont soumises à des contraintes. Elles sont appelées les pièces d'usure. Pour continuer à utiliser un objet technique, il est parfois nécessaire de remplacer les pièces d'usure comme les plaquettes de frein d'une voiture.

Citer une autre pièce d'usure de voiture ?

Pour démonter un objet technique, il est nécessaire de se reporter au carnet d'entretien ou au dossier technique. Il y a souvent un ordre de démontage et un ordre de montage.

Par exemple, pour changer une ampoule d'automobile :

- Ouvrir le capot de l'automobile
- Débrancher le porte-ampoule.
- Enlever le collier porte-ampoule
- Tourner d'un quart de tour l'ampoule
- Changer l'ampoule.

Dans certain cas, il n'est pas possible de démonter un ensemble technique, notamment lorsque la liaison est réalisée par soudage ou collage.

Pour un bon démontage ou montage, il faut s'assurer d'avoir les outils nécessaires : tournevis, clefs plates ou à pipes, clefs six pans, pinces, etc …

Associer les images aux outils suivants :

Tournevis :   Clef à œil :   Clef à molette :   Pinces d'électricien :

Pince multiprise :   Clef plate :   Clef à pipe :   Clef six pans :

La représentation graphique

La représentation graphique : Pour décrire, concevoir ou fabriquer un objet technique, il est nécessaire de le représenter. Plusieurs outils graphiques sont à notre disposition.

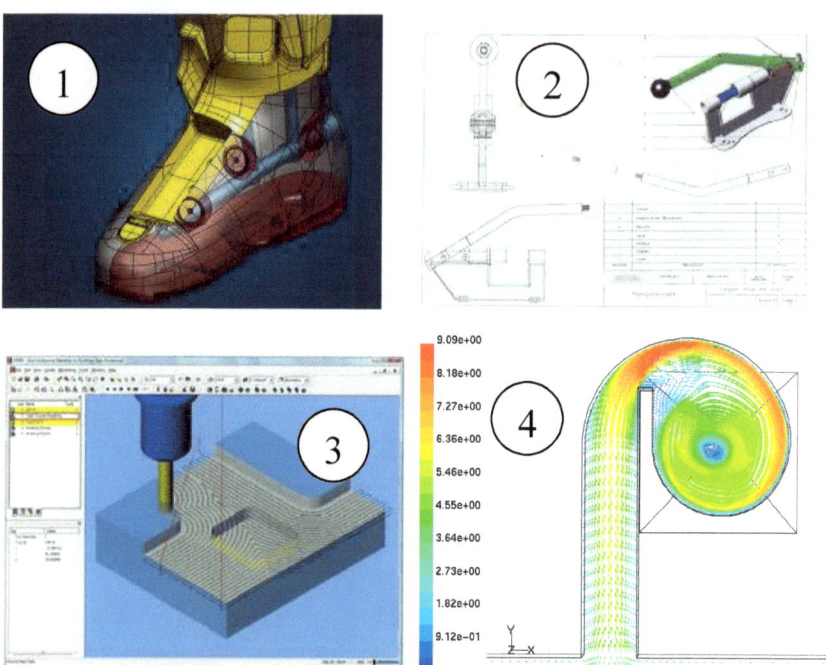

Associer les images aux outils graphiques suivants :

CAO Conception Assistée par Ordinateur :

Simulation numérique :

DAO Dessin Assisté par Ordinateur :

FAO Fabrication Assistée par Ordinateur :

Diagramme fonctionnel : Le diagramme est une représentation schématique des liens fonctionnels de l'objet technique.

Le diagramme pieuvre :

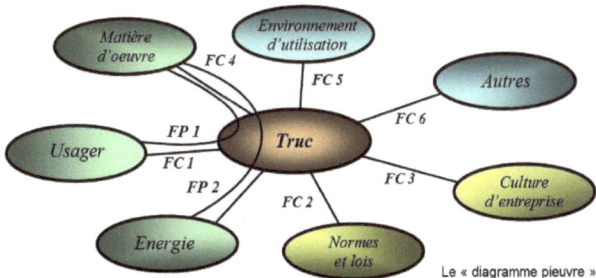

Le « diagramme pieuvre »

Le diagramme SADT :

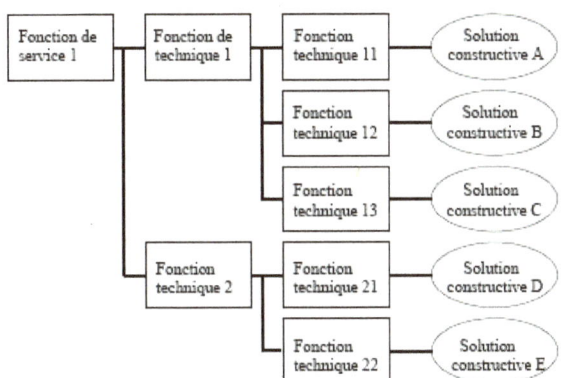

La méthode s'appuie sur une technique interrogative :

- **Pourquoi ?** : Pourquoi une fonction doit-elle être assurée ? Accès à une fonction technique d'ordre supérieur, on y répond en lisant le diagramme de droite à gauche.
- **Comment ?** : Comment cette fonction doit-elle être assurée ? On décompose alors la fonction, et on peut lire la réponse à la question en parcourant le diagramme de gauche à droite.
- **Quand ?** : Quand cette fonction doit-elle être assurée? Recherche des simultanéités qui sont alors représentées verticalement.

Lequel de ces deux diagrammes permet de déterminer l'environnement d'un objet ?

Lequel de ces deux diagrammes permet de déterminer les fonctions techniques internes d'un objet ?

La schématisation : La schématisation est une représentation simplifiée de l'objet permettant la compréhension du fonctionnement global ou particulier d'un objet technique.

Voir : Technoflash « schématisation »

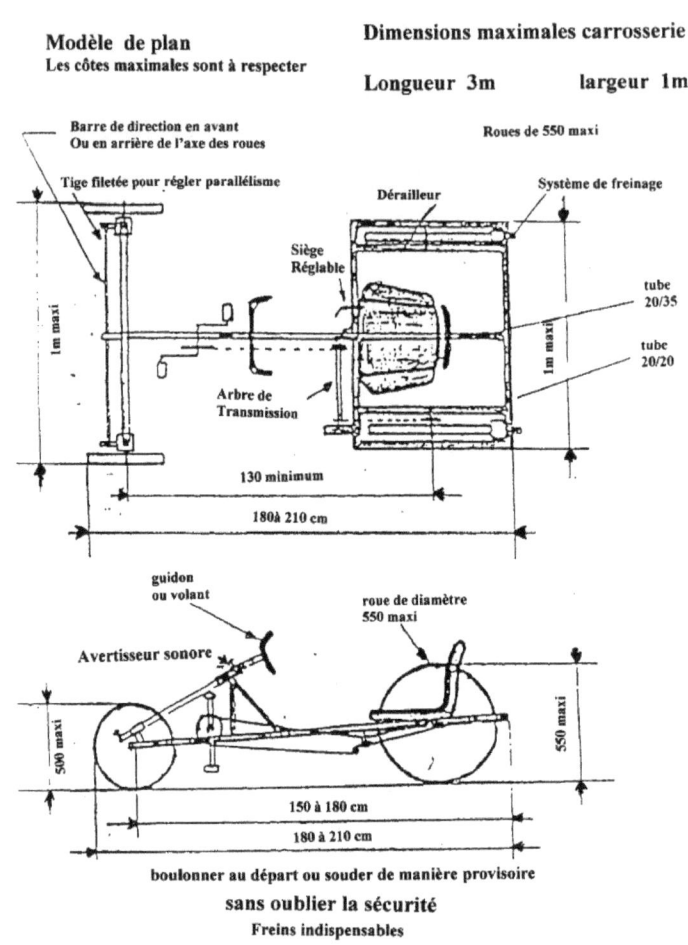

Modèle de plan
Les côtes maximales sont à respecter

Dimensions maximales carrosserie

Longueur 3m   **largeur 1m**

Barre de direction en avant
Ou en arrière de l'axe des roues

Roues de 550 maxi

Tige filetée pour régler parallélisme

Dérailleur

Système de freinage

Siège
Réglable

tube
20/35

tube
20/20

1m maxi

1m maxi

Arbre de
Transmission

130 minimum

180à 210 cm

guidon
ou volant

roue de diamètre
550 maxi

Avertisseur sonore

500 maxi

550 maxi

150 à 180 cm

180 à 210 cm

boulonner au départ ou souder de manière provisoire
sans oublier la sécurité
Freins indispensables

Décoration souhaitée

Qu'est-ce que c'est ?

Le dessin technique :

Le dessin technique en 3 dimensions permet une compréhension rapide de l'objet. Seules 2 représentations sont nécessaires à une compréhension globale de l'objet. Nous trouvons aussi les éclatés de l'objet permettant d'apprécier l'ensemble des pièces constituant l'objet.

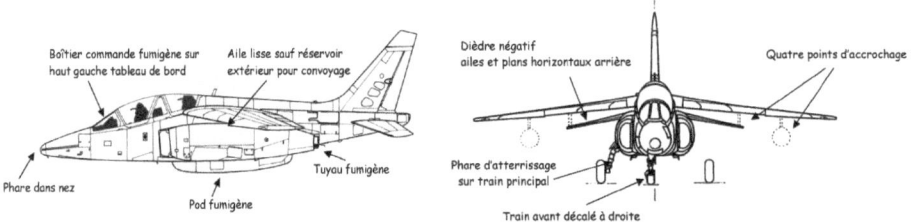

Boîtier commande fumigène sur haut gauche tableau de bord

Aile lisse sauf réservoir extérieur pour convoyage

Dièdre négatif ailes et plans horizontaux arrière

Quatre points d'accrochage

Phare dans nez

Pod fumigène

Tuyau fumigène

Phare d'atterrissage sur train principal

Train avant décalé à droite

Ces vues sont-elles suffisantes pour comprendre l'objet ?

Manque t-il des pièces à ce vélo ?

68

Le dessin technique en 2 dimensions permet une compréhension poussée de l'objet technique. 6 vues sont généralement représentées (vue de face, côté droit, côté gauche, derrière, dessus et dessous). Y sont associés des coupes et des détails particuliers. Les plans 2D permettent la réalisation des objets. Il existe des plans d'ensemble et des pièces.

Voir : Technoflash « dessin technique »

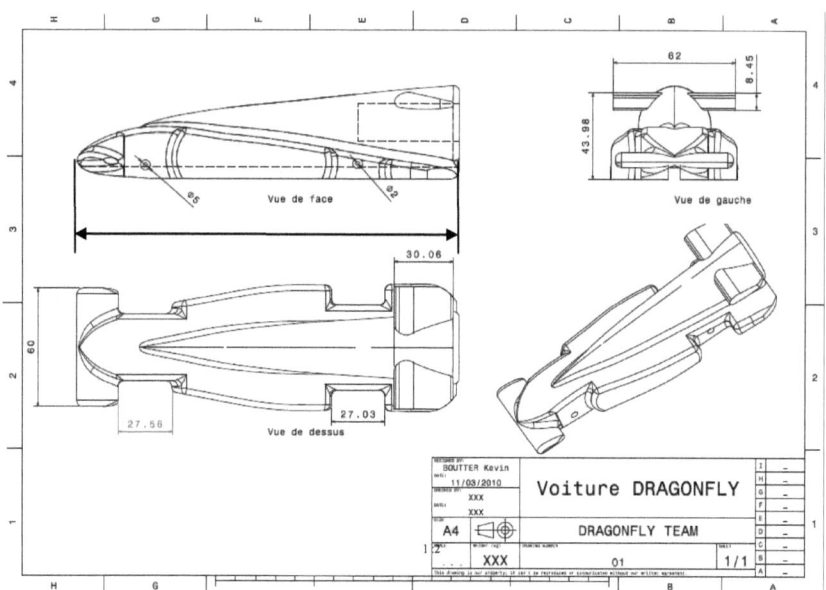

Trouver la longueur de cette carrosserie de model réduit.

La symbolisation : A l'aide de la symbolisation des liaisons et des systèmes techniques, la symbolisation permet de représenter simplement le fonctionnement d'un système mécanique. Du schéma à la symbolisation

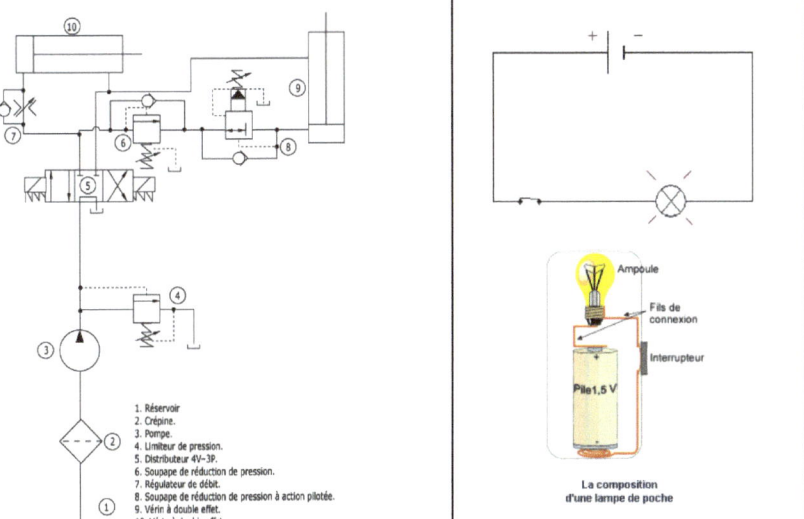

A gauche, le schéma symbolique représente une machine fonctionnant avec de l'air comprimé et à droite le schéma symbolique représente un circuit électrique simple.

Vue principale

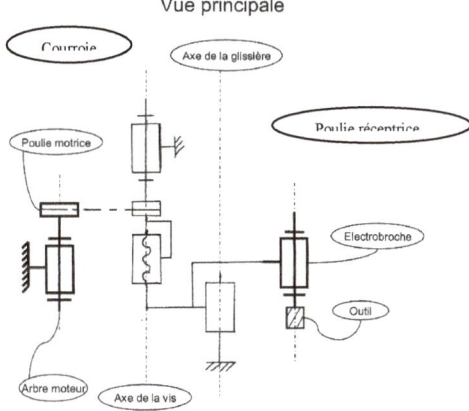

Trouver la poulie réceptrice et la courroie dans ce schéma symbolique mécanique.

Les matériaux

Dans ce chapitre, nous aborderons les matériaux. A travers ses grandes familles, ses caractéristiques physiques, chimiques, mécaniques et esthétiques.

Un **matériau** est une matière d'origine naturelle ou artificielle que l'homme façonne pour en faire des objets.

Associer les différents objets à leurs origines :

Naturelles façonnées (1) ou artificielles façonnées (2)

A : Poutre :   B : Pierre   C : Plastique   D : Métaux

E : Verre   F : Porcelaine   G : Laine   H : Composite

 - Un matériau est donc une matière sélectionnée en raison de ses propriétés particulières et de ses propriétés de mise en œuvre en vue d'un usage spécifique.

 - La nature chimique des différentes matières premières qui sont à la base des matériaux confèrent à ces derniers des propriétés particulières.

Les grandes familles de matériaux

De l'ensemble des matériaux, nous distinguons cinq grandes familles de matériaux :

- Les métaux : Les métaux ferreux ou non ferreux et leurs alliages

 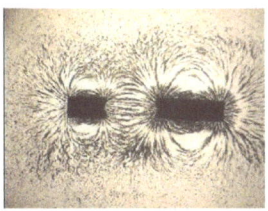

Qu'est-ce qui distingue un métal ferreux d'un métal non-ferreux ?

- Les organiques : Les matières provenant des êtres vivants ou non, végétaux et animaux.

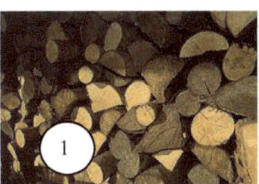  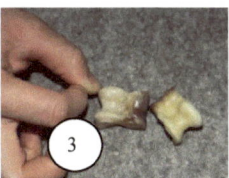

① ② ③ ④

Quel sont ces matériaux ?

1 :   2 :   3 :   4 :

D'où proviennent-ils ?

1 :   2 :   3 :   4 :

- Les plastiques : Dérivés des matériaux organiques.

Les matières plastiques sont fabriquées à partir des :

Matières minérales : pétrole, gaz,…

Matières animales : lait (caséine), ...

Matières végétales : bois, coton, alcool, ricin, maïs, ...

Qu'est qui différencie ces trois différentes matières premières ?

- Les composites :

Un matériau composite est l'association d'au moins 2 matériaux de propriétés différentes permettant d'obtenir un nouveau matériau qui possède des propriétés que les éléments seuls ne possèdent pas.

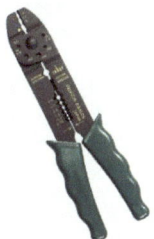

Pourquoi cette pince d'électricien a-t-elle un manche en plastique ?

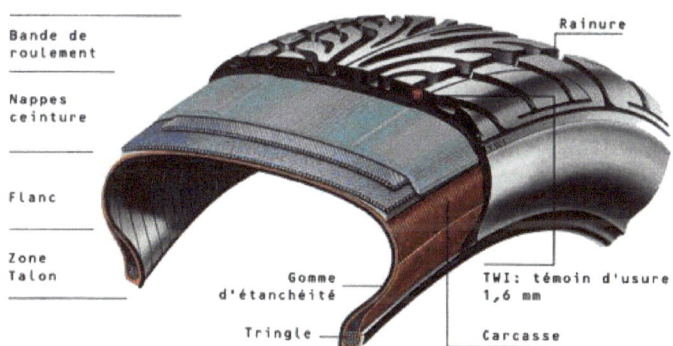

Quelles sont les parties du pneu en caoutchouc ?

- Les minéraux : Les roches, céramiques ou verres ...

Qu'est-ce qui caractérise un minéral ?

Les caractéristiques des matériaux

Les métaux : Les matières métalliques sont de très bons conducteurs d'électricité et de chaleur. Une fois triés, ils peuvent facilement être recyclés.

Le fil de cuivre constitue la majorité des réseaux électriques, pourquoi ?

En incorporant à un métal, un ou plusieurs autres métaux ou des éléments non métalliques, on forme des alliages.

Cette marmite ne peut pas rouiller pourquoi ?

La plupart des métaux sont spontanément attaqués par l'oxygène de l'air (oxydation) et transformés en oxyde (la rouille est l'oxyde de fer).

Quelle est la solution pour éviter la rouille d'un objet en fer ?

- Les organiques : Les matières organiques sont des isolants thermiques et électriques. Le recyclage et la valorisation sont faciles car naturels !

Quel est le risque majeur de cette maison ?

Quel est l'avantage de l'alpaga ?

- Les plastiques : Les matières plastiques sont de mauvais conducteurs d'électricité (donc de bons isolants électriques) et de mauvais conducteurs de chaleur (donc de bons isolants thermiques).

Y a-t-il un risque d'électrocution en actionnant cet interrupteur ? Pourquoi ?

Le recyclage des matières plastiques est délicat à cause du tri préalable qu'il impose. Elles sont faciles à façonner.

Pour former cette bouteille, utilise-t-on la même technique que celle du souffleur de verre ?

- Les composites :

Les matériaux composites forment une famille très moderne et très particulière : les matériaux composites sont constitués de plusieurs matériaux juxtaposés. Ces matériaux sont très résistants. Ils sont très coûteux. Le recyclage du composite reste assez difficile !!

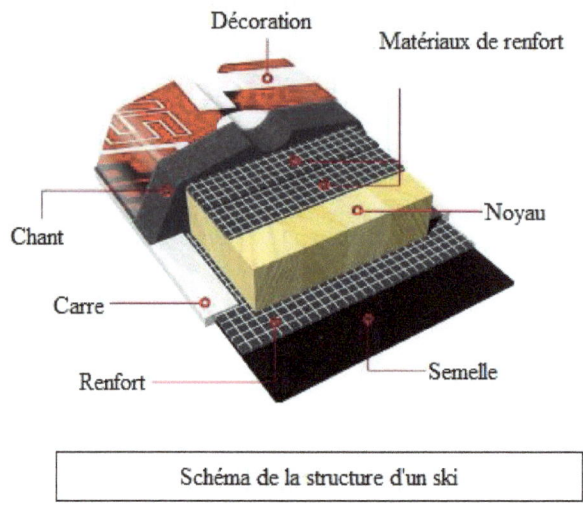

Schéma de la structure d'un ski

Pourquoi un objet composite est-il difficile à recycler ?

- Les minéraux : Les minéraux ne sont pas conducteurs d'électricité, ni de chaleur lorsqu'ils sont secs. Ils sont très durs. Ils sont facilement valorisables car naturels.

Connaissez-vous la qualité principale de ce diamant ?

Qu'est-ce que c'est ?

Les caractéristiques physiques

Les caractéristiques physiques : Les caractéristiques physiques des matériaux se décrivent par :

L'état : La matière peut exister en général sous trois états différents : solide, liquide et vapeur (gaz). Cet état dépend notamment de la température.

Ce geyser sur la neige permet d'observer les trois états de l'eau : la vapeur, le liquide et la glace.

Peut-on vaporiser du fer ?

* **Les solides** gardent leurs formes de manière rigide. Exemples : table, vaisselle, chaises, crayons, glace, ...

* **Les liquides** prennent la forme du récipient mais ils sont suffisamment denses pour se maintenir ensemble. Exemples : eau, soda, lait, sang, …

* **Les gaz** prennent complètement la forme du récipient, dans toutes les dimensions. Exemples : air, oxygène, dioxyde de carbone, vapeur, …

L'huile flotte sur l'eau et le gaz léger ne se mélange pas au gaz lourd ! Pourquoi l'huile flotte-t-elle ?

La densité : Il s'agit de la masse (poids) par rapport à son volume.

Quelle différence y a-t-il entre un kilogramme d'or et un kilogramme de lait ?

La dilatation : Les matériaux soumis à la chaleur augmentent de volume. On dit qu'ils se dilatent.

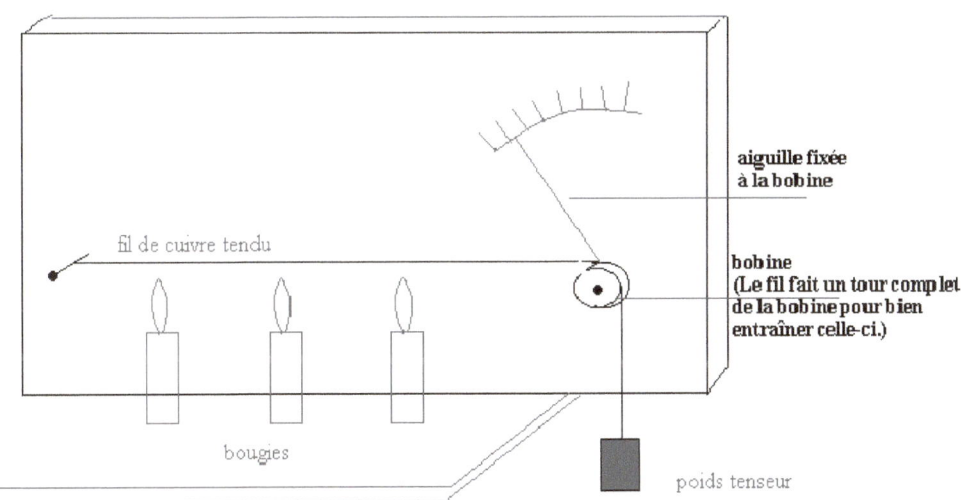

aiguille fixée
à la bobine

bobine
(Le fil fait un tour complet
de la bobine pour bien
entraîner celle-ci.)

fil de cuivre tendu

bougies

poids tenseur

A votre avis, avec la chaleur, ce fil de cuivre va s'étendre ou se raccourcir ?

Les conductivités : Ce sont les caractéristiques des matériaux à résister au passage de la chaleur : *« la conductivité thermique »*, au passage de l'électricité : *« la conductivité électrique »* ou au passage du son : *« la conductivité acoustique »*. En opposition, on parle aussi de résistivités.

Lorsque l'on touche la cuillère en métal elle nous semble froide et lorsque l'on touche la cuillère en plastique elle semble chaude. Pourquoi ?

L'électromagnétisme : C'est la capacité des matériaux à réagir avec les aimants.

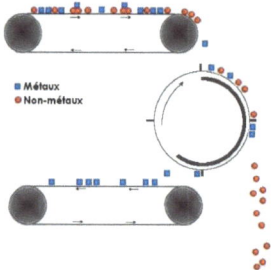

Cette machine permet de trier les métaux ferreux des matériaux non ferreux. Pourquoi ?

La couleur : C'est la capacité des matériaux à absorber la lumière.

Pourquoi le charbon est noir ?

Les caractéristiques chimiques

Les caractéristiques chimiques : Les caractéristiques chimiques des matériaux se décrivent par :

La stabilité : C'est la caractéristique d'un matériau à se transformer ou non, à la suite d'un contact avec un autre matériau ou par l'élévation de la température. Exemple : la combustion, l'oxydation, la pyrolyse, l'hydrolyse, l'électrolyse et la radioactivité …

La combustion :

Energie d'activation

Qu'obtient-on lorsque l'on mélange de l'essence avec de l'air ?

Et lorsque l'on approche une flamme au mélange d'essence et d'air ?

L'oxydation : L'oxydation est une réaction chimique transformant les matériaux. Exemple : C'est ce que nous appelons la rouille pour le fer.

Qu'est-ce que c'est ?

La pyrolyse est une décomposition des matériaux par la chaleur.

Une tarte carbonisée à subit une pyrolyse

L'hydrolyse est une décomposition des matériaux par l'eau.
L'électrolyse est une décomposition des matériaux par l'électricité.
La radioactivité est une décomposition naturelle des matériaux.

La solubilité : Certains matériaux solides ou gazeux ont la particularité de se dissoudre dans les liquides.

Lesquels de ces 5 mélanges ne se solubilise pas ?

La soudabilité : C'est la capacité à solidariser deux éléments de même nature par la fonte de la matière.

Que doit-on impérativement faire pour souder deux objets ?

L'adhésion : C'est la capacité des matériaux à se lier à des matériaux différents. Exemple : le collage.

Pour coller deux objets, doivent-ils être de même matière et doit-on les faire fondre ?

Les caractéristiques biologiques

Les caractéristiques biologiques : Les caractéristiques biologiques des matériaux se décrivent par :

L'innocuité : Les matériaux, notamment plastiques, peuvent être nocifs pour l'être humain ou la nature en général.

Pourquoi ce morceau de plastique peut-être dangereux pour cette tortue ?

Des précautions particulières doivent être prises pour la mise en œuvre ou l'usage de ces matériaux.

Les caractéristiques mécaniques

Les caractéristiques mécaniques : Les caractéristiques mécaniques des matériaux se décrivent par :

La déformation élastique : La déformation élastique intervient lorsque qu'un matériau est soumis à un effort et reprend sa forme initiale lorsque l'effort a disparu.

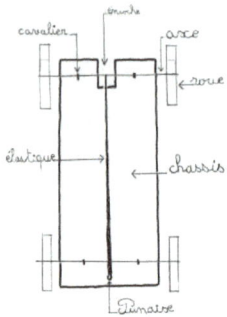

Que va t-il se passer lorsque l'élastique sera enroulé au maximum autour de l'axe des roues du véhicule et que l'on relâchera les roues ?

La déformation plastique : La déformation plastique intervient lorsque qu'un matériau est soumis à un effort mais ne reprend pas sa forme initiale lorsque l'effort a disparu. La déformation plastique apparaît après la déformation élastique.

Ce vélo a-t-il subi une déformation plastique ou élastique ?

La résistance à la rupture : C'est la caractéristique d'un matériau à ne pas rompre sous un effort.

Pourquoi ce vélo a-t-il cassé ? Donner plusieurs hypothèses.

La dureté : C'est la capacité à résister à l'usure.

Echelle de Mohs		
Dureté	Minéral	Test
1	Talc	Friable sous l'ongle
2	Gypse	Rayé par l'ongle
3	Calcite	Rayé par une pièce de monnaie
4	Fluorite	Facilement rayable avec un couteau
5	Apatite	Rayé au couteau
6	Orthose	Rayé avec une lime
7	Quartz	Raye une vitre
8	Topaze	Rayé par des outils au tungstène
9	Corindon	Rayé par le carbure de silicium
10	Diamant	Rayé par un autre diamant

Comment mesure t-on la dureté d'un matériau ?

La malléabilité : Ce dit d'un matériau qui se travaille facilement.

Lequel de ces trois matériaux présente la plus grande malléabilité ?

Les caractéristiques esthétiques

Les caractéristiques esthétiques : Les caractéristiques esthétiques sont des caractéristiques appréciées par nos sens et elles peuvent être décrites par :

La couleur : La couleur peut être naturelle ou créée artificiellement par la teinture des fibres végétales ou la peinture sur les surfaces.

Lequel de ces deux nuanciers de couleurs présente des couleurs naturelles ?

La brillance : La brillance peut être naturelle ou créée artificiellement par des vernis.

Laquelle de ces deux images présente une brillance naturelle ?

L'odeur : L'odeur peut être induite par des matériaux composés de matériaux volatiles.

L'une de ces deux salles à manger est odorante, laquelle ?

Le contact : Les matériaux peuvent être doux, rugueux, chauds ou froids ...

Lequel de ces trois fauteuils vous semble le plus confortable ?

L'usage des matériaux

- L'usage des propriétés physiques et chimiques : Les matériaux peuvent être lourds ou légers, laissant passer le courant ou l'arrêtant. Ils peuvent réagir avec l'oxygène de l'air. Nous pouvons trouver sur le marché des vélos ayant un cadre en aluminium d'un poids de 4 kg, en acier d'un poids de 8 kg ou en fibre de carbone d'un poids de 2,5 kg. Bien sûr le prix favorisera notre choix ! Pour conduire le courant, les fils de cuivre sont entourés d'une gaine en plastique isolante ou pour protéger la Tour Eiffel construite en acier, tous les 7 ans elle est repeinte avec environ 60 tonnes de peinture afin de la protéger de l'oxydation.

- L'usage des propriétés mécaniques : Les matériaux doivent résister à des efforts pour répondre aux fonctions techniques de l'objet. Ils doivent être durs ou mous, rigides ou souples, résistants ou élastiques. Un mât de bateau doit résister aux efforts induits par la voile. Des logiciels spécialisés permettront de déterminer le diamètre du mât en fonction du matériau choisi (aluminium, bois ou fibre de carbone). Afin d'absorber les chocs ou les vibrations d'un moteur, des ensembles mécaniques en caoutchouc ou à ressorts sont conçus entre le moteur et le châssis. Une planche de surf composite est constituée de plusieurs couches successives de matériaux différents (résine, bois, carbone, caoutchouc), ce qui lui confère une grande élasticité.

- L'usage des propriétés esthétiques : Les matériaux sont colorés, brillants ou mates, doux ou rugueux. Ils nous apparaissent agréables, beaux ou laids.
Un siège en velours nous semblera plus confortable qu'un siège en plastique. L'apparence des textures comme la fibre de bois ou les veines du marbre, l'usage des métaux précieux ou les compositions de tissus raffinés et les couleurs harmonieuses créent une atmosphère dite luxueuse.

Le recyclage

Le recyclage : Les objets techniques s'usent, ne fonctionnent plus et sont jetés. Nous devrons donc prévoir leur devenir afin qu'ils ne polluent pas l'environnement et éviter de gaspiller les matériaux qui les composent.

Le verre peut être recyclé indéfiniment. Le verre usagé est récupéré, broyé et refondu chez le verrier.

Le polystyrène peut lui aussi être recyclé indéfiniment. Ce n'est pas le cas pour tous les plastiques. Cela pose un problème au niveau du tri. Par exemple, 27 bouteilles d'eau minérale sont nécessaires à la fabrication d'un pull. Effectivement, le polyéthylène peut être transformé en fibre de polyester mais pas en de nouvelles bouteilles.

Autre exemple, les pneus ne sont pas recyclables. Cependant, ils peuvent être utilisés comme combustible ou réutilisés pour la confection de revêtement de sol en caoutchouc.

Aujourd'hui, le recyclage est pris en compte dans les conceptions de nouveaux objets techniques. Par exemple, les nouveaux véhicules automobiles peuvent être recyclés à 95%. A cet effet, des usines spécialisées dans le démontage ont été créées.

La mise en forme des matériaux

Dans ce chapitre, nous aborderons la mise en forme des matériaux. Il existe trois grandes méthodes de mise en forme. Pour donner une forme désirée à des matériaux, il est nécessaire de connaître leurs caractéristiques mécaniques et physiques.

Voici trois blocs de matière, du métal, du plastique et des minéraux : lequel peut-il être façonné facilement ? Pourquoi ?

Un matériau peut être façonné par moulage, notamment grâce à sa faculté à se déformer sous l'effort ou lors de sa liquéfaction. Il peut être façonné par enlèvement de matière ou par tissage.

 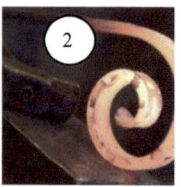  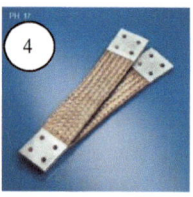

Toutes ces pièces sont en métal, pouvez-vous dire par quel procédé elles ont été mises en forme ?

1 –

2 –

3 –

4 –

Le façonnage

- **Les métaux :** Les métaux peuvent être déformés par estampage ou emboutissage. Il s'agit de passer sous presse le matériau. On peut aussi les forger ou les mouler en fondant le métal.

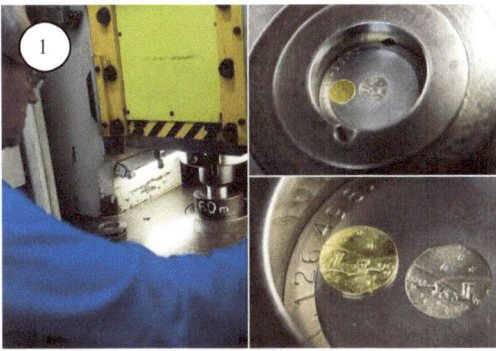

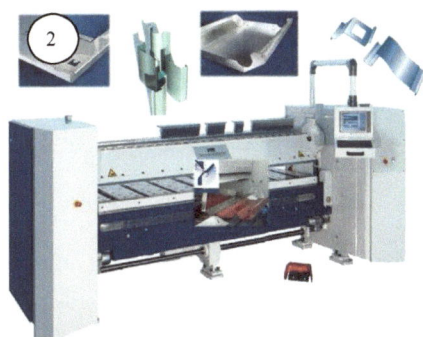

Toutes ces pièces sont en métal, pouvez-vous dire par quel procédé elles ont été façonnées ?

1 –
2 –
3 –
4 –

- Les organiques : Certains matériaux organiques peuvent être moulés comme l'urée ou le caoutchouc.

Ces objets en caoutchouc, façonnés par moulage dans une presse à injecter, s'appellent des silentblocs. Pourquoi sont-ils utiles à votre voiture ?

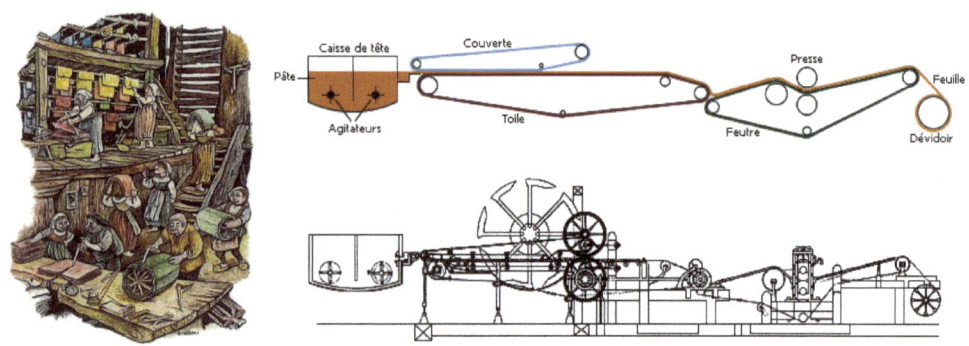

Quelle matière organique est façonnée ci-dessus ?

- Les plastiques : Les plastiques sont généralement fondus et injectés sous presse dans des empreintes.

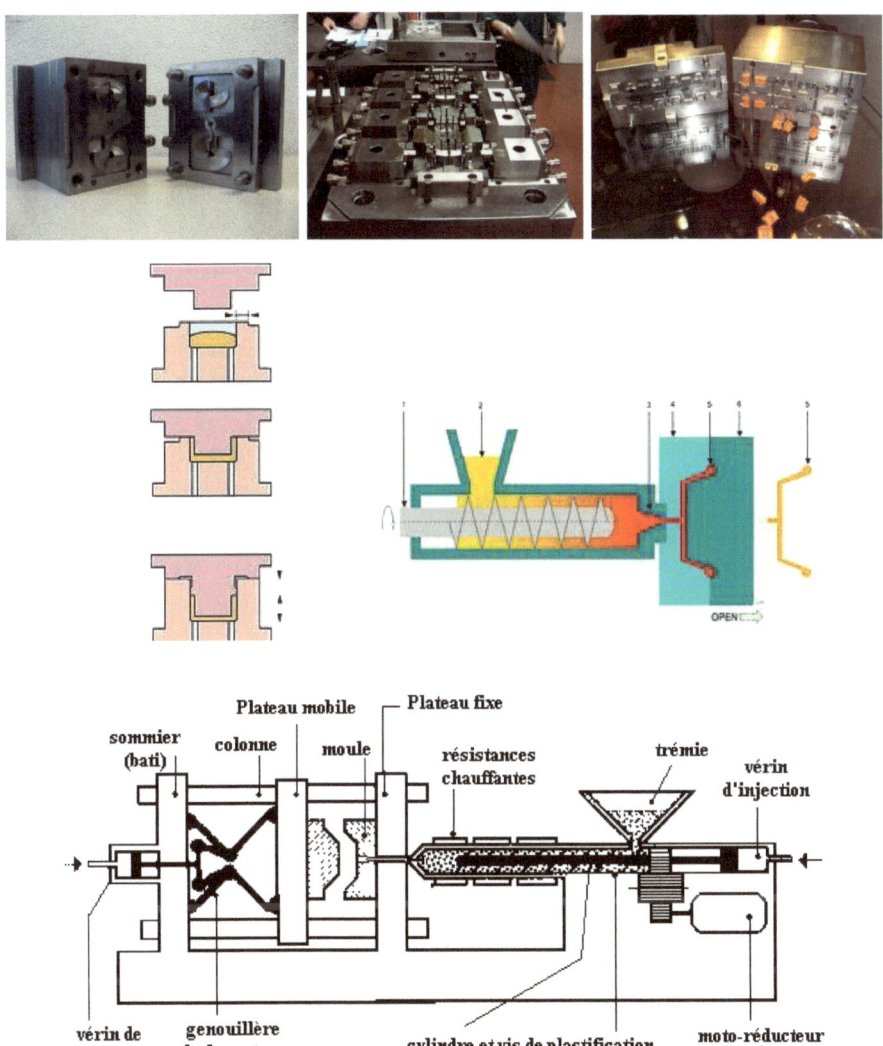

Citez un objet de votre quotidien en plastique moulé.

- Les composites : L'aggloméré est constitué de résine et de copeaux de bois. Il est moulé en plaque.

Cet objet ci-dessus est constitué de toile en fibre de verre et de résine. De quel objet peut-il s'agir ?

- **Les minéraux :** Les minéraux peuvent être fondus et déformés comme le verre, mais ils peuvent aussi être modelés. Les minéraux alors finement concassés sont associés à l'eau, ils sont ensuite séchés et cuits. La poudre de minéraux peut aussi être pressée et cuite on appelle ce procédé le frittage.

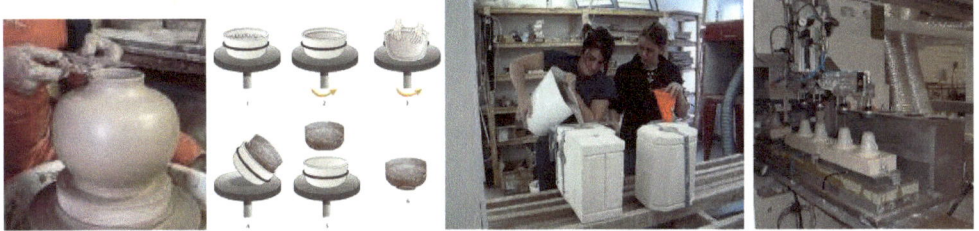

Que doit-on faire après avoir moulé ou façonné une céramique ?

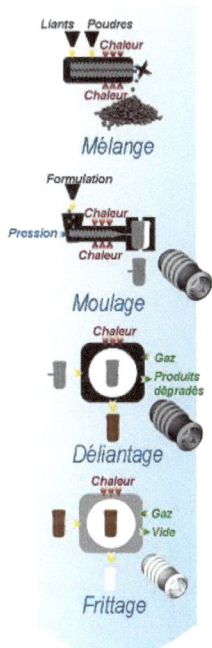

Le frittage est un moulage à chaud ou à froid ?

L'usinage

Pour usiner un matériau, il existe plusieurs techniques : le tournage, le fraisage, le perçage et le rectifiage.

- Les métaux : Pour les métaux, l'usinage reste la mise en forme privilégiée.

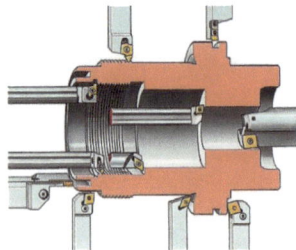  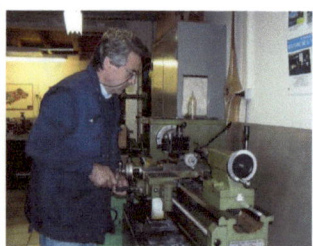

Quelle est la forme générale d'une pièce réalisée par tournage ?

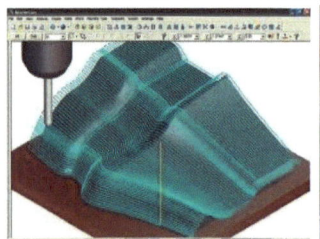  

Quelle est la forme générale d'une pièce réalisée par fraisage et perçage ?

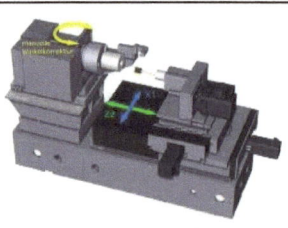 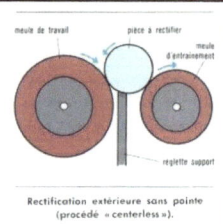 

Qu'est-ce que le rectifiage ?

- Les organiques : Pour le bois, l'usinage reste la mise en forme privilégiée.

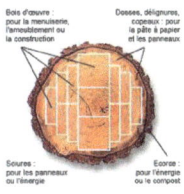

Le sciage

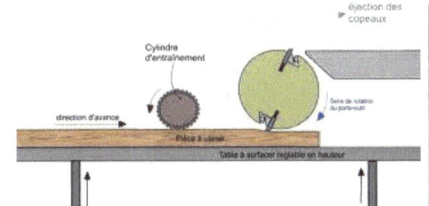

Le rabotage

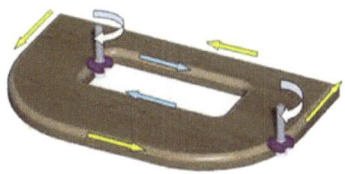

Le perçage-fraisage

Le tournage

- Les plastiques : L'usinage est souvent utilisé en finition.

Le tournage

 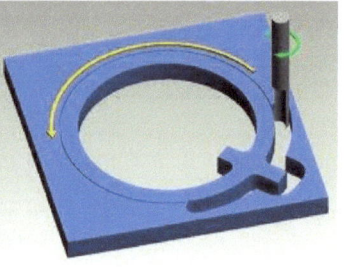

Le fraisage

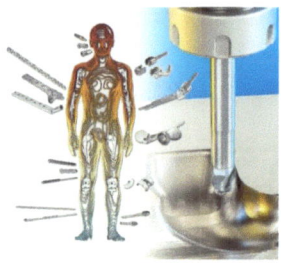

Pourquoi est-il nécessaire d'usiner du plastique alors que nous pouvons le mouler facilement ?

- Les composites : L'usinage est souvent utilisé en finition.

Découpe par sciage

  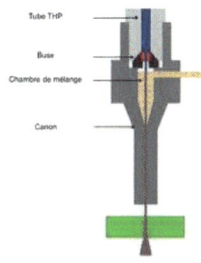

Découpe par jet d'eau

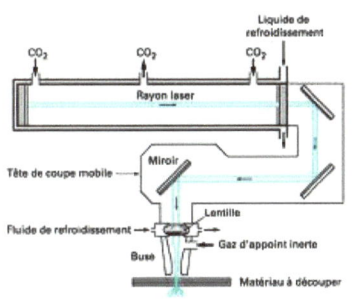 

Découpe par laser

- Les minéraux : L'usinage est possible avec des outils spéciaux en diamants.

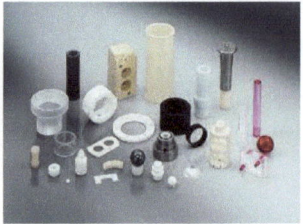

Tournage, fraisage et perçage

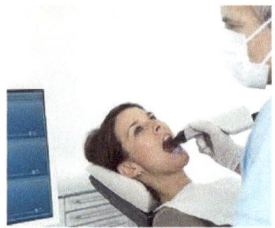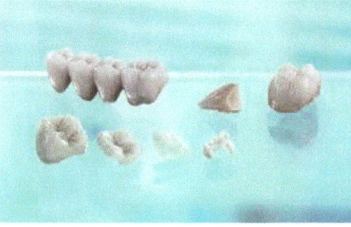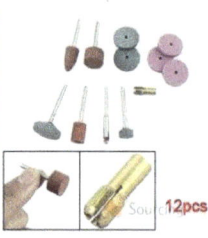

Meulage et polissage

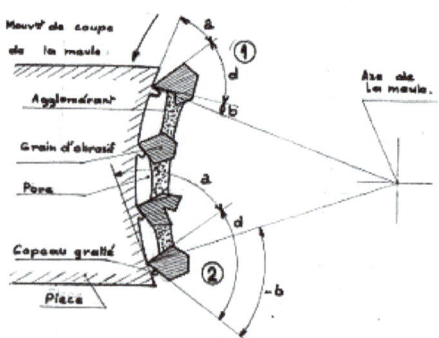

Fig.178 - Mode d'action d'une meule : le grain 1 a une coupe positive, le grain 2 a une coupe négative.

Pourquoi est-il difficile d'usiner la céramique ?

Le tissage ou l'agencement de matériaux

Ce type de façonnage est généralement dédié aux vêtements.

- Les métaux : gants métalliques

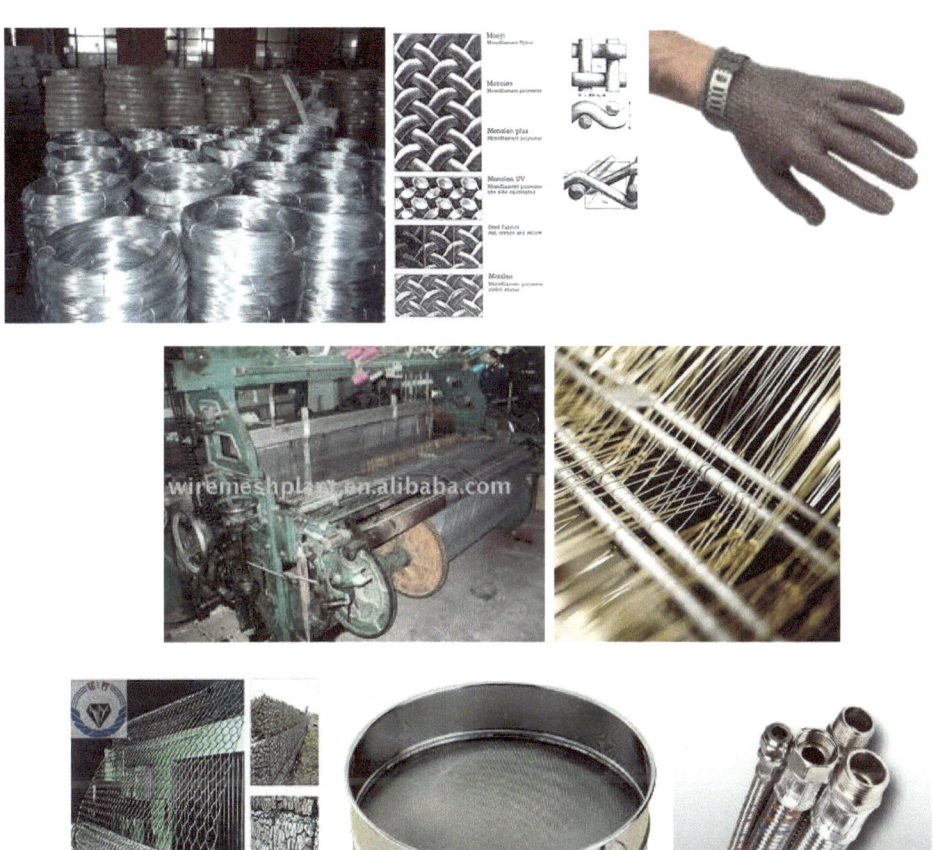

Quels sont ces objets ?

- Les organiques : chapeaux de paille, paillasse, draps de cotons, de laine ...

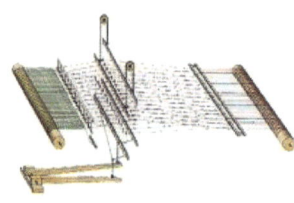

Que faut-il faire avant de tisser une toile ?

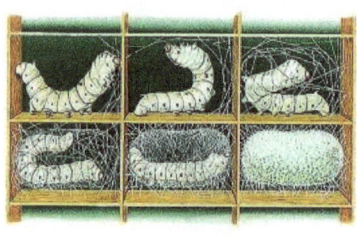

Quelle est la matière produite par ce vers ?

- Les plastiques : vêtements en nylon ou en polyester

Quel peut être l'avantage d'un tissu synthétique ?

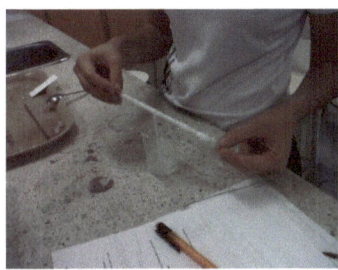 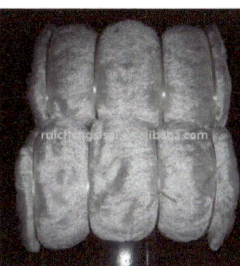 

L'invention du nylon a été suivie d'une grande évolution dans le textile, laquelle ?

 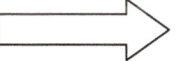 

Monomère (Molécule simple sous forme liquide)   Polymère (Molécule composée sous forme solide)

La polymérisation est une réaction chimique donnant naissance au plastique à partir du pétrole. Que se passe t-il lors de la polymérisation?

- Les composites : association d'une toile métallique et d'un revêtement caoutchouc pour les tuyaux armés.

Que doit-on faire pour rigidifier une toile composite ?

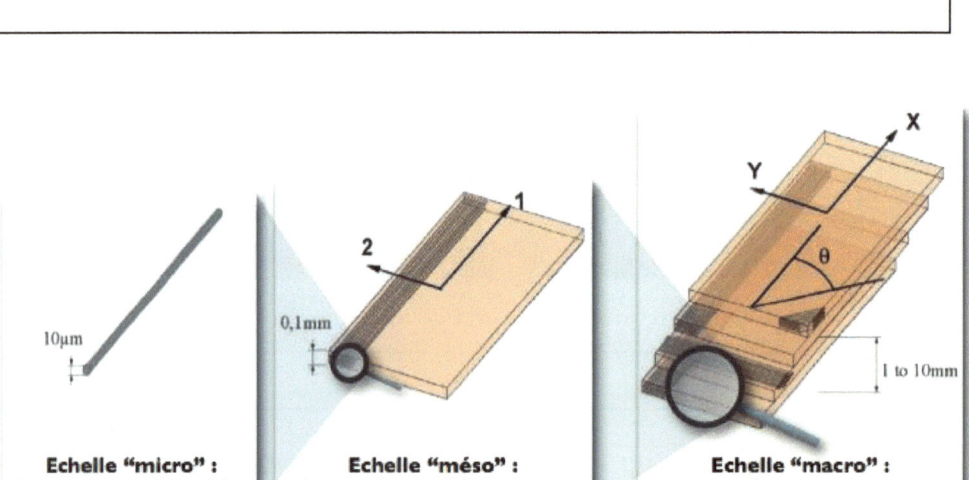

Pourquoi associe t-on différents tissus de caractéristiques mécaniques différentes ?

- Les minéraux : toiles en fibre de verre pour les tapissiers.

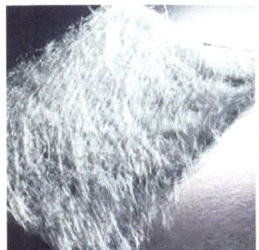  

Pour donner une forme à un objet en fibre de verre, que doit-on faire ?

 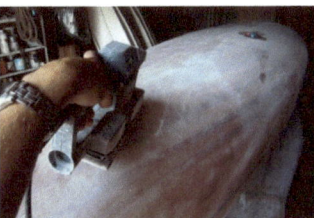 

 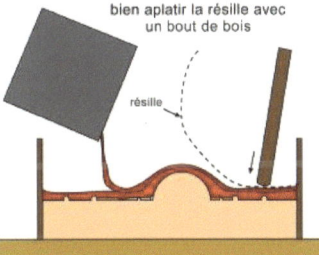 

La fabrication d'objets en fibre de verre est facile et peu coûteuse. Cependant, des précautions sont à prendre notamment à cause des produits toxiques utilisés. Quelles sont les précautions à prendre ?

Les énergies

Dans ce chapitre, nous aborderons l'énergie.

L'énergie peut prendre deux formes : soit, de la chaleur soit, du mouvement. Dans tous les cas, il est nécessaire de l'extraire de son contenant ou la capter pour l'utiliser.

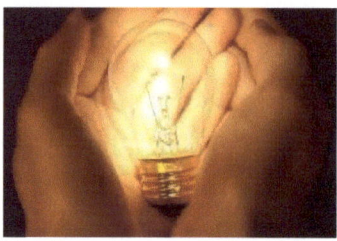

Par exemple, le pétrole doit se consumer pour produire de la chaleur ou l'éolienne doit être équipée d'une génératrice pour produire de l'électricité.

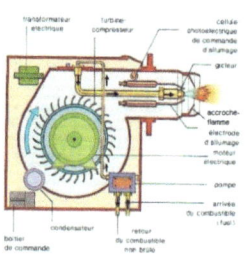

Ce brûleur à fuel dispose d'un moteur électrique. A quoi peut-il servir ?

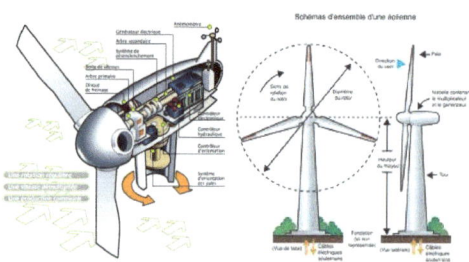

Que se passe t-il si nous alimentons le générateur de l'éolienne en électricité ?

Pour être utilisée, l'énergie doit être stockée, distribuée et transformée pour répondre au besoin.

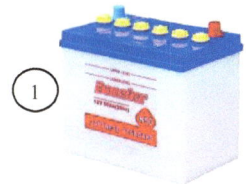

Associer les stockages si dessus aux énergies suivantes :

Gaz :   Electricité :   Fuel :

Le réseau de distribution de fuel se fait par la route. Pourquoi n'avons-nous pas réalisé une distribution par tuyau ?

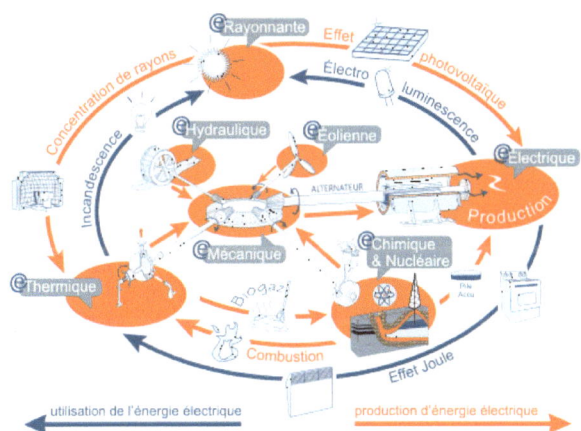

Ce schéma d'utilisation et de production d'énergie est très complet. Cependant, il manque une utilisation importante de l'énergie : laquelle ?

Les chaînes d'énergie

Pour aboutir au déplacement d'un véhicule terrestre, une chaîne d'énergie doit être respectée. On peut la décrire par quatre fonctions techniques :

- Stockage et alimentation en énergie. C'est le rôle du réservoir ou de la batterie.

- Commande et distribution de l'énergie. C'est le rôle du carburateur ou de l'interrupteur.

- Transformation de l'énergie. C'est le rôle du moteur thermique ou électrique.

- Transmission de mouvements. C'est le rôle des mécanismes comme les pignons, les courroies, les chaînes …

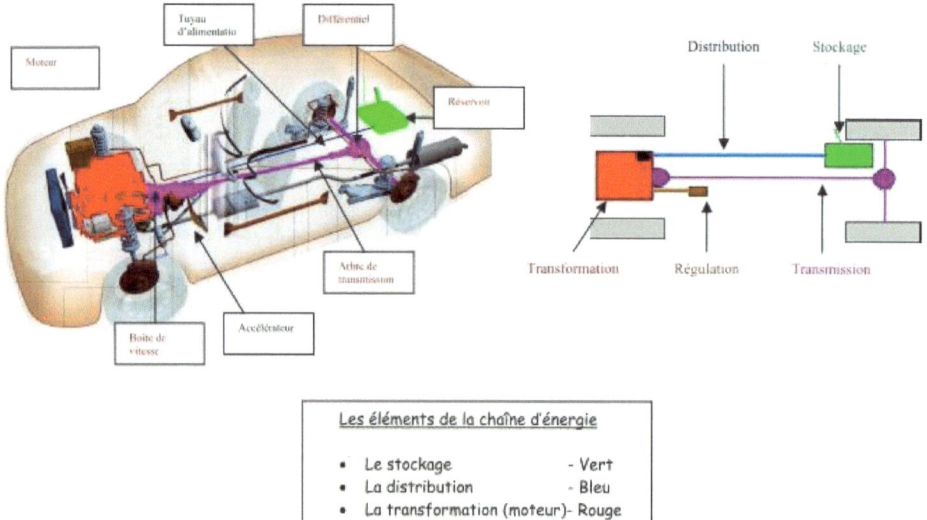

Les éléments de la chaîne d'énergie

- Le stockage — Vert
- La distribution — Bleu
- La transformation (moteur)— Rouge
- La transmission — Violet
- La régulation — Marron

Associer le nom des éléments constituant la voiture aux différents éléments de la chaîne d'énergie :

Le stockage : Réservoir
La distribution : Tuyau d'alimentation
La transformation de l'énergie : Moteur
La transmission de l'énergie : Arbre de transmission – Boite de vitesse - Différentiel
La régulation : Accélérateur

Source d'énergie
primaire fondamentale

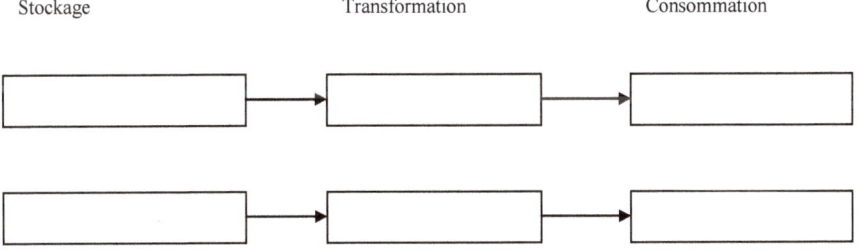

PROGRES plus vite, plus confortable, moins d'énergie consommée au kilomètre

Marche :
Energie finale : 50 Wh/km
Energie primaire : **50 000 Wh/km**
Vitesse : 5 km/h

Vélo musculaire :
Energie finale : 17 Wh/km
Energie primaire : **17 000 Wh/km**
Vitesse : 20 km/h

Moto électrique solaire :
Energie finale : 40 Wh/km
Energie primaire : **240 Wh/km**
Energie primaire en intégrant la construction
de la moto, de la batterie et du panneau
solaire : 350 Wh/km
Vitesse : 90 km/h

Décrire les chaînes d'énergies :

Stockage	Transformation	Consommation

	→		→	

	→		→	

L'énergie de la combustion

Pour produire un mouvement, les moteurs thermiques utilisent l'oxydation du carburant. L'énergie est alors dégagée par explosion. Un système piston vilebrequin produit de l'énergie mécanique soit, un mouvement.

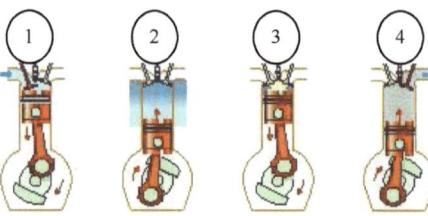

Le moteur à combustion est un moteur à quatre temps. Il y a l'admission, la compression, l'explosion et l'échappement. Où se trouve l'explosion dans le schéma ci-dessus ?

L'énergie issue de la combustion du pétrole produit des rejets nuisibles à l'environnement notamment du dioxyde de carbone responsable du réchauffement climatique mais aussi de l'oxyde d'azote responsable d'intoxication respiratoire.

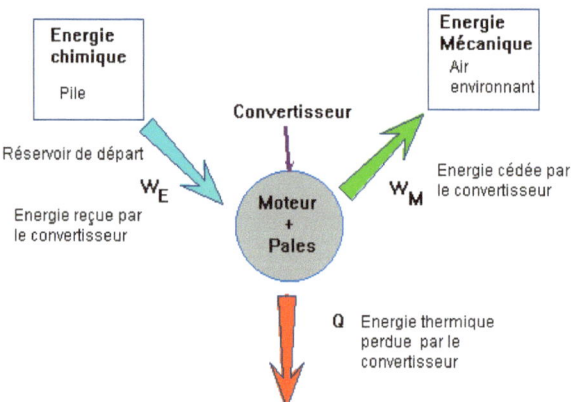

Y a-t-il un autre rejet nuisible à l'environnement ?

Les innovations techniques pour réduire la pollution sont actuellement le système « Stop en Start » qui arrête le moteur thermique lorsque celui s'immobilise. Le pot catalytique est capable de réduire l'émission de particules nocives telles que le dioxyde d'azote.

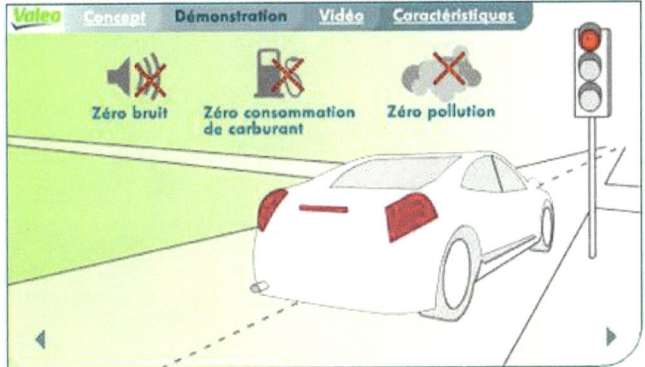

En quoi consiste le système Start and Stop ?

Quels sont les avantages ?

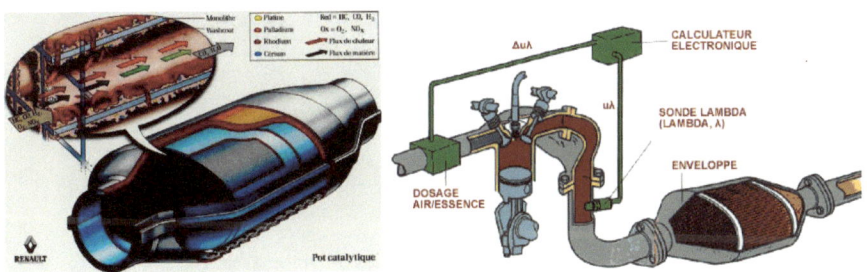

A quoi sert un pot catalytique ?

L'énergie électrique

L'électricité permet de produire différents effets : la lumière, le mouvement et la chaleur. Le problème majeur pour son utilisation dans les véhicules terrestres est son stockage. Effectivement, le volume et le poids des batteries restreignent son utilisation.

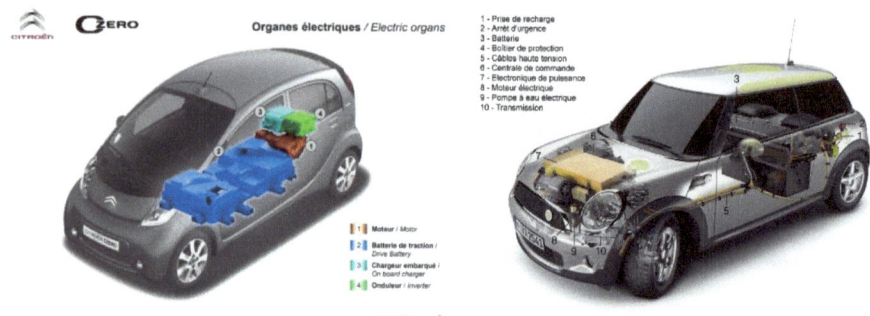

Cependant, des solutions innovantes dans le domaine des piles à combustible permettent d'entrevoir un bel avenir pour les véhicules électriques.

Quel est l'avantage des voitures fonctionnant avec des piles à combustible ?

L'intérêt de l'électricité réside dans le fait que cette énergie peut être issue de sources énergétiques renouvelables telles que le solaire ou l'éolienne.

Selon l'INES (Institut National de l'Energie Solaire) et le CEA (Centre d'étude atomique), en France, 1 m2 de panneaux solaires photovoltaïques peut fournir en un an suffisamment d'énergie pour faire rouler un véhicule électrique pendant 1000 km !

Sachant que notre voiture parcourt 20 000 km/an. Combien de m² de panneaux solaire serait suffisant pour équiper une voiture ?

Une voiture solaire vous semble-t-elle réalisable sachant que la voiture a une surface ensoleillée utile de 8 m²?

Le train est à ce jour l'un des véhicules électriques le plus compétitif, notamment par sa vitesse et par l'usage d'énergie pouvant être issu de sources énergétiques renouvelables.

Les familles d'objets

Dans ce chapitre, nous aborderons les familles d'objets.

Nous regrouperons en familles d'objets tous les objets ayant la même fonction d'usage, tel le que les bateaux, les avions, les vélos, les voitures et les camions.

Est-ce que la navette spatiale fait partie de la famille des avions ?

Puis, chaque grande famille pourra à son tour être subdivisée.

Avion => ULM, avion individuel, avion de passager, avion de marchandises …

Comment appelleriez-vous la famille des planeurs ?

Les principes techniques

Chaque grande famille d'objets est caractérisée par des principes techniques.

La voiture : la voiture est un véhicule disposant de quatre roues.

Le vélo : le vélo dispose de deux roues.

Le bateau : le bateau dispose d'une coque pour flotter.

L'avion : l'avion dispose d'ailes permettant la portance de l'air.

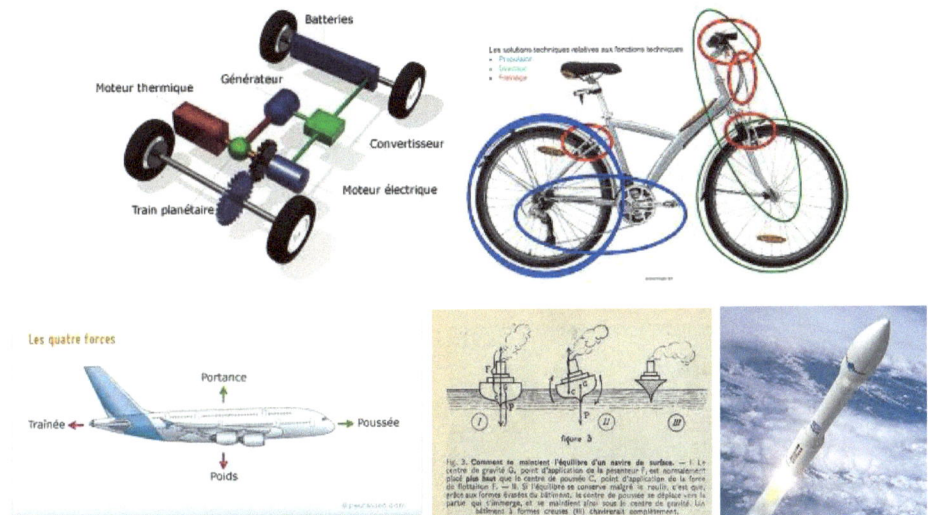

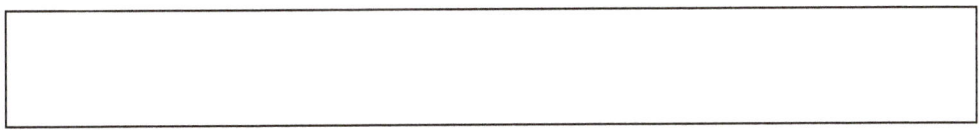

La voiture et le vélo s'appuient sur la terre, l'avion s'appuie sur l'air et le bateau s'appuie sur l'eau. Sur quoi s'appuie la fusée pour circuler dans l'espace ?

Les grandes inventions

Incontestablement, la plus grande invention humaine a été la roue.

Mais, en général, les grandes inventions marquent des changements dans les principes généraux de fonctionnement d'une famille d'objets.

Par exemple : le bateau, à l'origine un radeau avec des rames ou des gâches. Puis, l'embarcation s'est vue attribuer une voile. C'est l'une de ses premières grandes évolutions. Puis, avec l'arrivée du moteur à vapeur, les rames ont été motorisées. C'est l'avènement des bateaux à aube. Puis, nous aboutissons aux bateaux d'aujourd'hui. Les aubes ont évolué en hélices.

Qu'a permis l'évolution de la motorisation des embarcations ?

Les graphismes pour identifier un objet

Un objet peut être représenté de différentes manières, notamment par la photographie. Une représentation éclatée en perspective avec sa nomenclature, par un dessin artistique ou par une maquette numérique.

 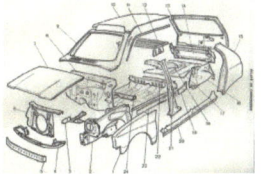  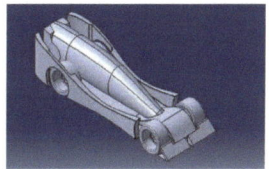

La représentation de l'objet est très ancienne. Nous pouvons retrouver des plans dans l'Égypte ancienne. Ces plans gravés dans la pierre permettent de reconstituer aujourd'hui des bateaux disparus.

A la Renaissance, l'usage du papier pour les architectes et les mécaniciens favorise l'expansion du savoir. L'un des plus grands concepteurs nous ayant légué des plans reste ***Léonard de Vinci***.

Où peut-on voir les œuvres de Léonard de Vinci ?

Cependant, la représentation graphique manuelle reste fastidieuse. Les modifications des objets imposent la reprise intégrale des plans.

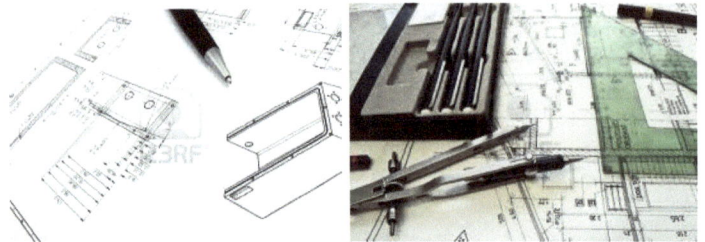 

Sur quel type de papier, les plans techniques manuels sont-ils réalisés ?

Aujourd'hui, l'informatique est devenue un outil formidable permettant de modifier un objet sans avoir à redessiner l'ensemble.

Comment sont diffusés les plans réalisés en DAO-CAO ?

La préparation d'une fabrication

Une pièce mécanique doit avoir une forme et des dimensions.

Les traits forts représentent des arrêtes visibles.
Les traits en pointillés représentent des arrêtes cachées.
Les traits mixtes « traits longs suivis d'un trait court » représentent les axes.

 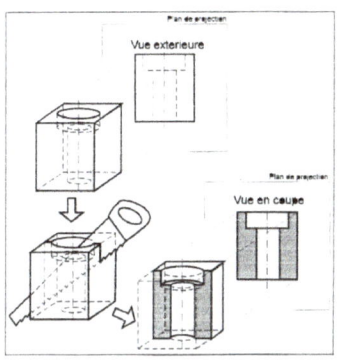

A quoi correspond une surface hachurée dans un plan technique ?

Des coupes de l'objet sont, dans certains cas, réalisés. Les différents matériaux utilisés sont hachurés différemment.

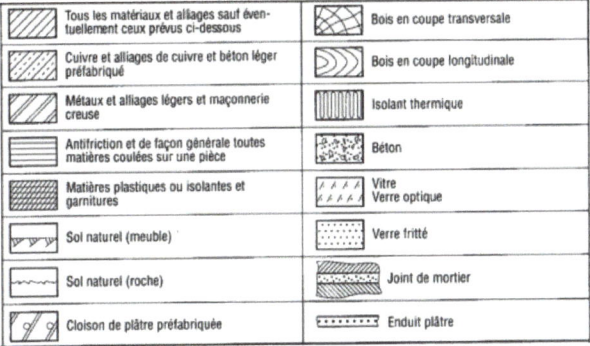

Les dimensions sont représentées avec des tolérances de dimension.

=> Par exemple : une roue de vélo sera cotée 620 mm + ou - 1 mm.

Plusieurs vues sont nécessaires pour comprendre l'objet.

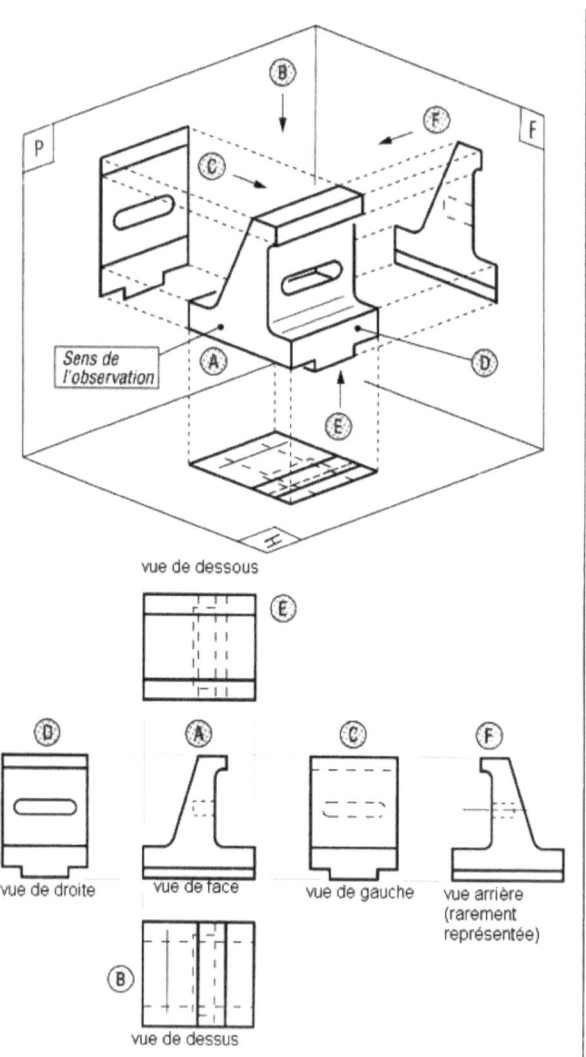

Combien de vues sont nécessaires pour réaliser une bonne représentation d'un objet ?

Les graphismes pour assembler

Pour assembler un objet, il est nécessaire de suivre la notice de montage. Généralement, nous disposons d'un organigramme hiérarchisant les étapes du montage.

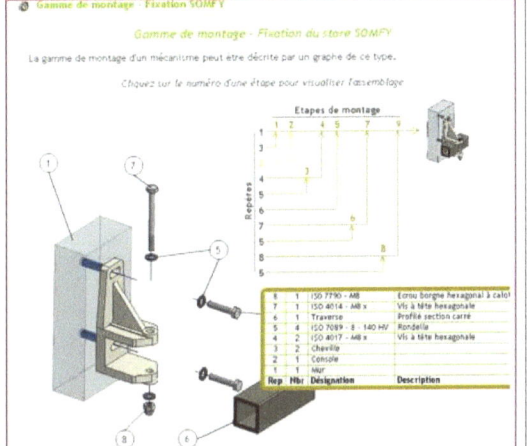 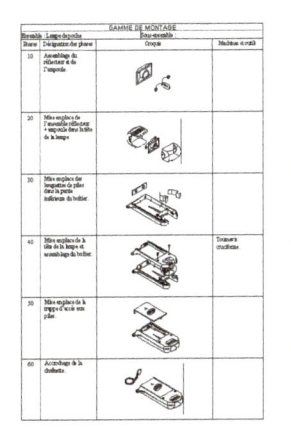

Un éclaté de l'objet et sa nomenclature permet de situer la pièce dans son ensemble.

Enfin, le montage est décrit par phase croissante. Chaque phase est décrite par un dessin et des instructions.

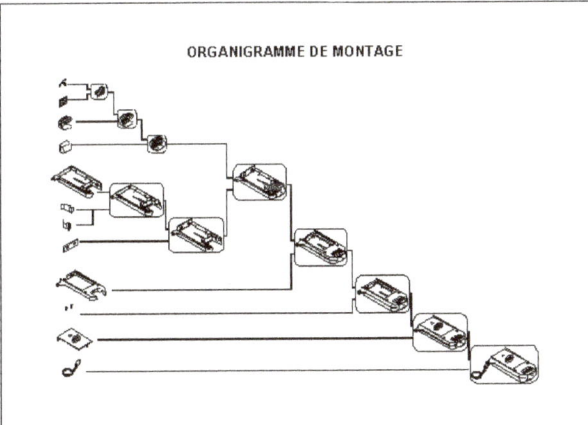

Que se passe t-il si on oublie une étape dans un montage ?

La fabrication d'une pièce

A l'image de la notice de montage, une pièce nécessite une gamme de fabrication.

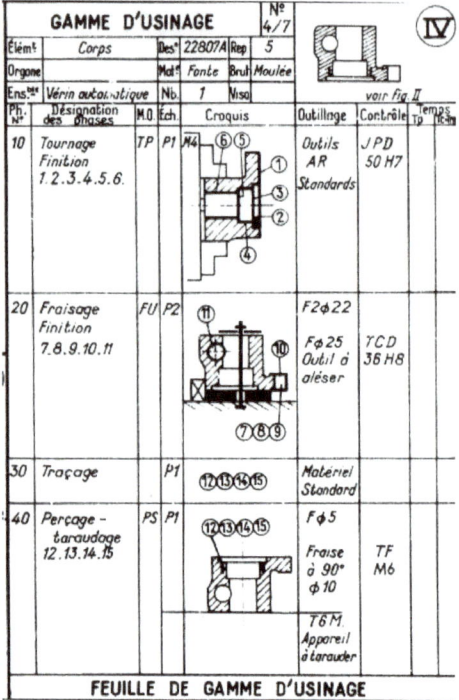

Les pièces fabriquées sont issues d'une forme brute. Ce brut est alors travaillé pour lui donner sa forme finale.

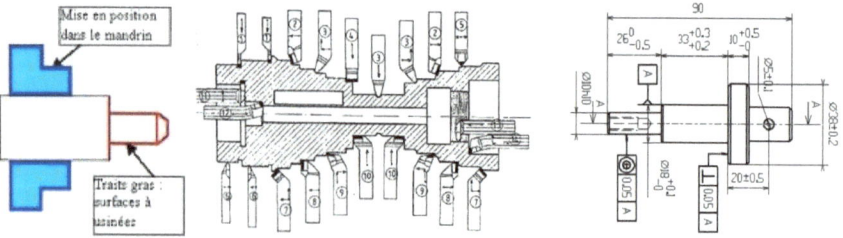

Quelle sera la forme du brute pour réaliser cette pièce ?

Les opérations de transformation doivent obéir à une procédure hiérarchisée.

La préparation d'une fabrication

Pour réaliser une forme, il est nécessaire de mettre en œuvre des façonnages, des enlèvements de matière ... Nous devons organiser une chronologie des opérations afin de correspondre aux outils utilisés.

Phase 00 : Découper le brut.
Phase 10 : Réaliser la longueur par enlèvement de matière.
Phase 20 : Percer l'équerre.
Phase 30 : Plier à l'équerre par déformation de matière.

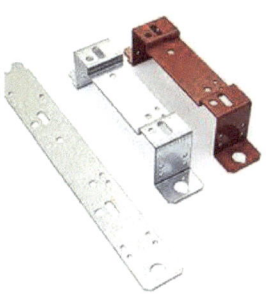

Quelles sont les phases de réalisation de cet objet ?

Pourquoi découpons-nous et perçons-nous avant le pliage ?

Le poste de travail

Un poste de travail est organisé pour réaliser des opérations de mise en forme. Il y a quatre zones distinctes : la zone de travail généralement occupée par la machine, la zone d'informations occupée par les plans, la zone de contrôle occupée par les outils de mesures et la zone de l'opérateur.

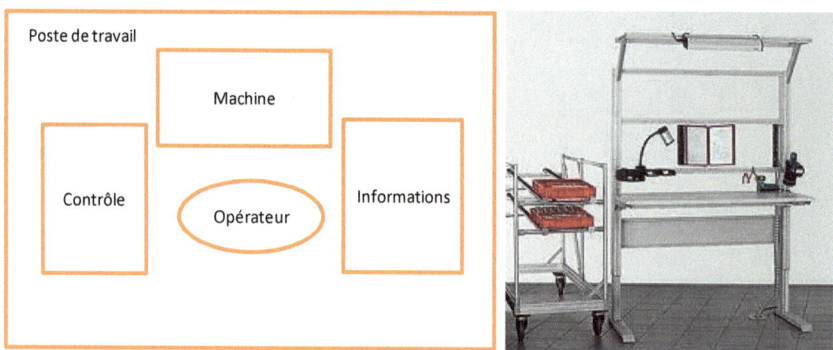

Pour quelles raisons, les postes de travail sont-ils organisés ?

Dans l'organisation d'un poste de travail, les tâches réalisées par l'homme sont particulièrement étudiées : pourquoi ?

Les machines

Une machine de fabrication peut être découpée en trois zones. La première zone correspond à la table où est fixée la pièce à façonner. La deuxième zone est occupée par l'outil généralement mobile. La troisième zone correspond à la commande de la machine.

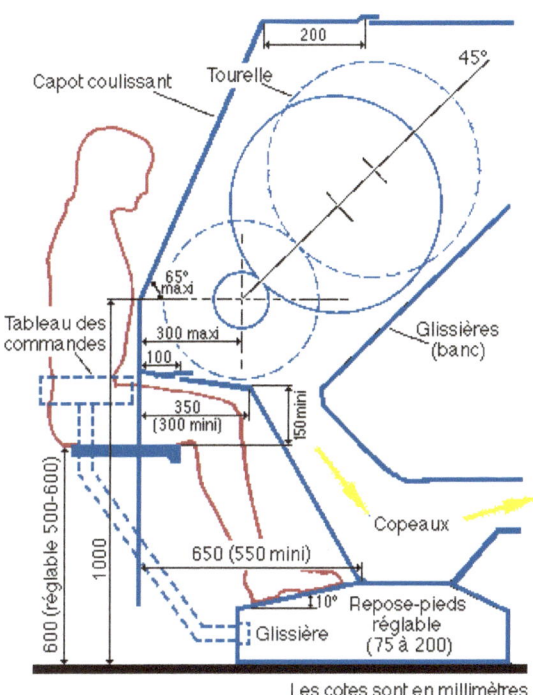

Les cotes sont en millimètres

Les machines :

    - **La cisaille** permet de découper des plaques.

- **La scie à ruban** permet de découper des pièces.

- **La presse** permet d'estamper des pièces.

 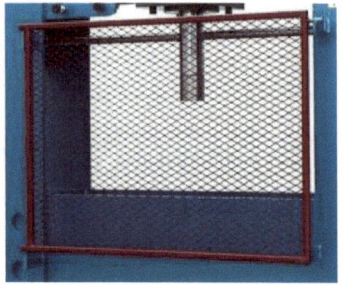

- **La presse à injecter** permet de mouler des pièces.

- **La plieuse** permet de plier.

- **La fraiseuse** permet d'enlever de la matière grâce à des couteaux tournants. La pièce est fixe sur la table.

- **Le tour** permet d'enlever de la matière. La pièce tourne et un couteau vient enlever de la matière. Cet outil permet de former des objets de révolution.

- **La perceuse** permet de faire des trous.

Aujourd'hui, la majorité des machines sont à commandes numériques. Cela permet de programmer les déplacements de l'outil. Celui-ci peut alors automatiquement réaliser des façonnages.

Quels sont les avantages des machines à commandes numériques ?

Le montage et la notice

Le montage est une phase très importante dans la réalisation d'un objet technique. Une fois les pièces réalisées, il est nécessaire de les associer afin de finaliser l'objet technique.

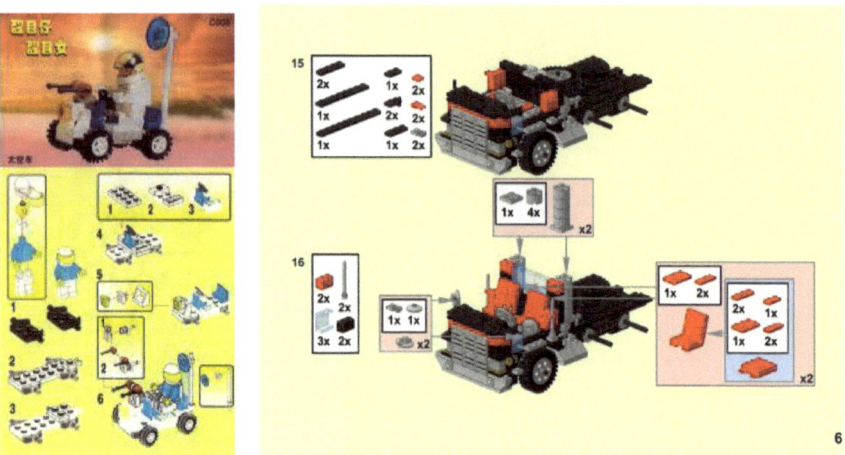

L'ordre de montage est important. Il doit être hiérarchisé. Effectivement, il arrive que des pièces ne puissent plus être insérées après le montage anarchique d'un objet.

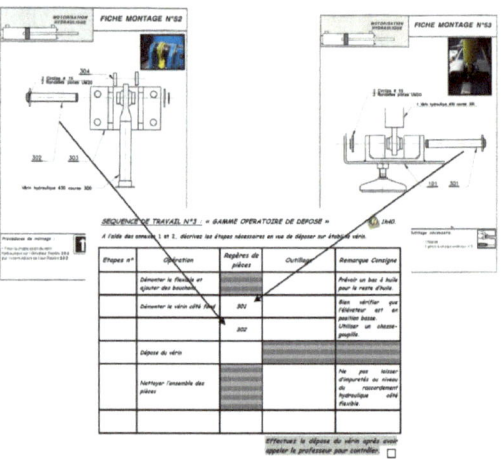

Que peut-il se passer si l'on oublie de réaliser une phase ?

La préparation d'un montage

Il faut, dans un premier temps, reprendre le plan d'ensemble éclaté de l'objet, repérer les pièces constituant l'objet et rassembler les pièces constituant chaque phase du montage ou chaque organe de l'objet. Il s'agit de sous-ensembles.

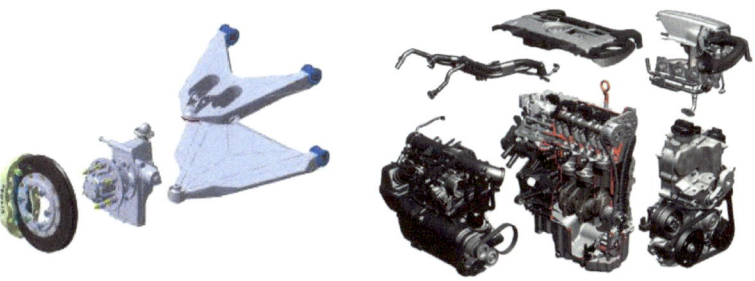

Pour une voiture radiocommandée, nous pourrions hiérarchiser le montage comme suit. Il s'agit d'une recherche d'antériorité :

- Monter la radio commande.
- Monter l'ensemble des roues-arrières et la motorisation.
- Monter les roues-motorisation sur le châssis.
- Monter l'ensemble des roues-avants et la commande de la direction.
- Monter l'ensemble roue-direction sur le châssis.
- Monter la commande sur le châssis.
- Souder les fils.
- Monter la carrosserie.

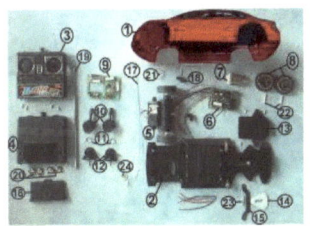  

Après avoir validé le montage, il faut réaliser la notice de montage.

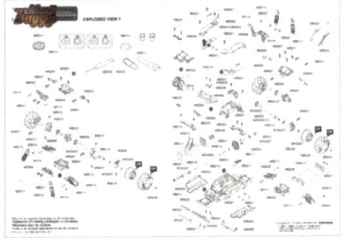 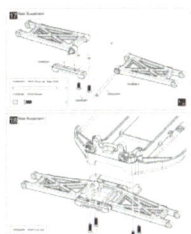

L'assemblage

L'assemblage de pièces mécaniques peut être réversible. C'est à dire que l'ensemble peut être démonté. L'assemblage réversible est généralement réalisé par les vis et les boulons.

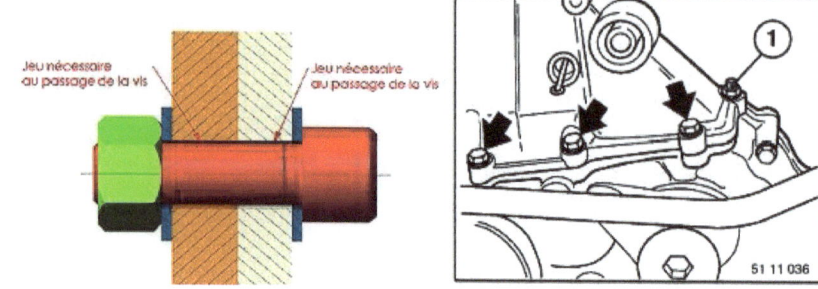

Que faut-il prévoir pour démonter ?

Lorsqu'un assemblage est dit irréversible, c'est qu'il ne peut être démonté. Cet assemblage est généralement réalisé par rivetage, collage ou soudage.

Que peut-il se passer si l'on essaie de démonter ces trois types d'assemblage ?

A l'identique de la fabrication, des phases de montage doivent être décrites et des postes sont constitués. Un poste d'assemblage est généralement constitué de cinq zones :

- La première zone correspond au stockage des pièces à assembler,
- La deuxième zone de montage dispose d'outillage,
- La troisième zone est la zone d'informations où la phase de montage est décrite,
- La quatrième zone est pour l'opérateur,
- La cinquième zone correspond au stockage des pièces assembler.

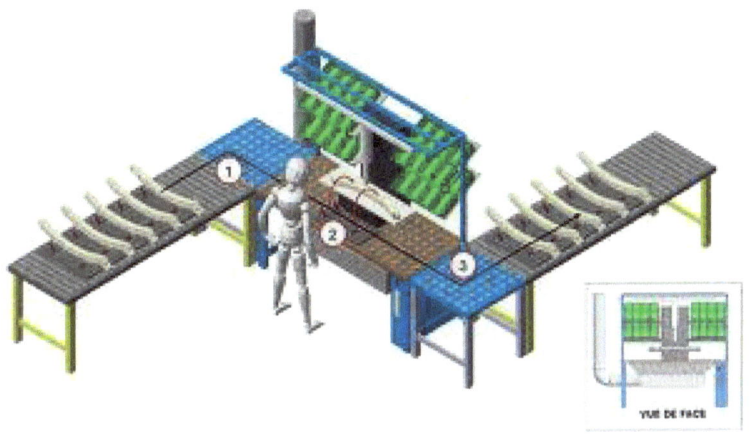

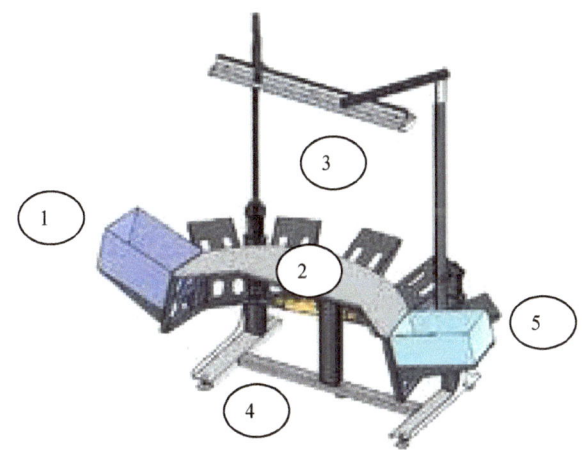

Numéroter les différentes zones.

La notice d'emploi

La notice d'emploi précise les contraintes de fonctionnement, rappelle tous les réglages nécessaires au bon fonctionnement. Mais aussi elle rappelle toutes les règles de sécurité pour ne pas endommager l'objet. Elle prévient l'utilisateur sur les dangers de son emploi.

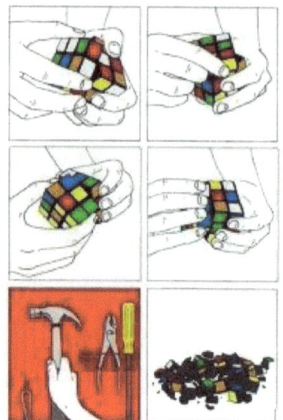

Que précise cette notice d'emploi ?

Un tableau de dépannage rappelant toutes les causes de pannes de l'objet doit être fourni dans la notice. Les remèdes aux différentes pannes doivent être décrits.

Le contrôle

Faisant suite à la fabrication, les pièces réalisées doivent être contrôlées afin de ne pas engager les phases suivantes si la pièce est mal formée ; ou même répéter l'erreur de façonnage aux pièces suivantes. Conserver un défaut sur une pièce rendrait l'objet final défectueux.

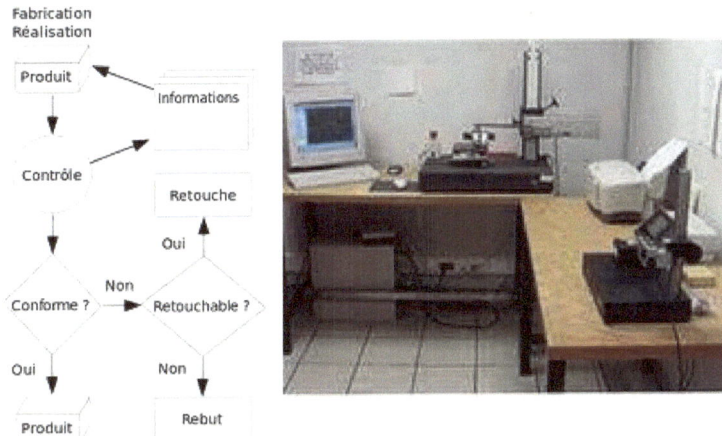

Qu'arrive t-il si le produit n'est pas retouchable ?

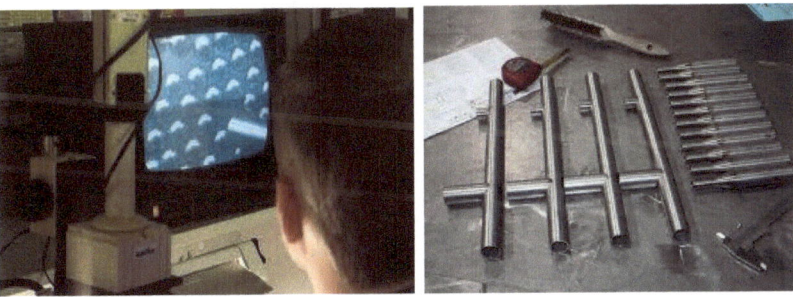

Qu'est-ce qui va déterminer l'outil de contrôle à utiliser ?

Le contrôle des dimensions

Une pièce mécanique est fabriquée en respectant des dimensions précises qui doivent être conformes au plan de fabrication.

Le contrôle peut être mécanique ou effectué par des rayonnements infrarouges. Quelle information doit-on donner à la machine de contrôle ?

Une machine de formage peut se dérégler ou être mal réglé. Il devient nécessaire après chaque réalisation de vérifier la dimension à obtenir. En cas de défaut, la machine peut être réglée et la pièce défectueuse éliminée.

Nous disposons de plusieurs outils pour réaliser un contrôle dimensionnel. Le plus simple est de prendre un réglé ou un pied à coulisse.

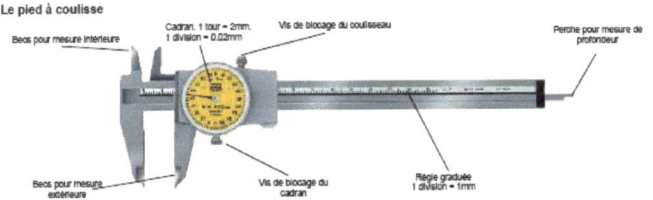

Que peut-on mesurer avec un pied à coulisse ?

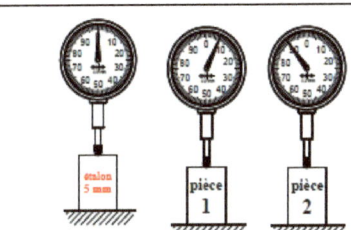

Que pensez-vous de la dimension de la pièce N°1 et de la dimension de la pièce N°2 ?

Mais, pour aller plus vite, nous pouvons opter pour un contrôle comparatif avec une pièce déjà réalisée par superposition.

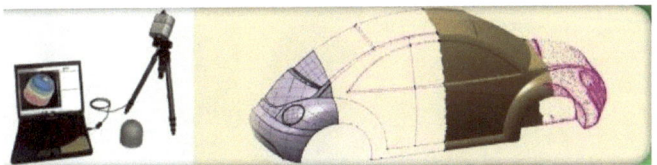

Quelle est la technologie utilisée pour effectuer ce contrôle comparatif ?

Le contrôle des formes

Pour contrôler les formes, nous pouvons utiliser un rapporteur ou des gabarits, sortes d'empreintes pouvant recevoir la pièce.

  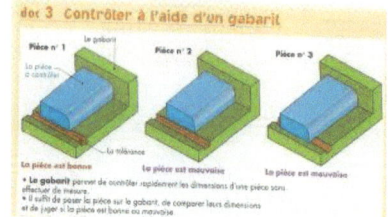

Pour plus de précision, nous avons à notre disposition des machines de contrôle tridimensionnelles numériques qui permettent de modéliser la pièce en trois dimensions par la prise tactile de points.

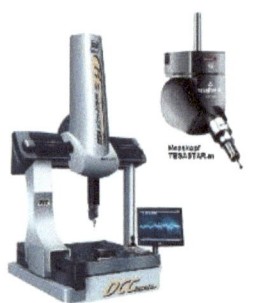 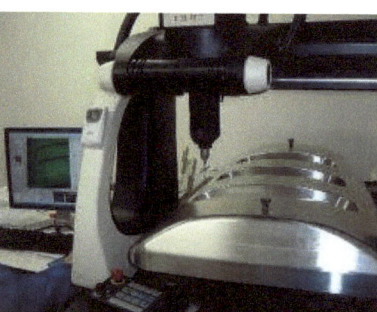 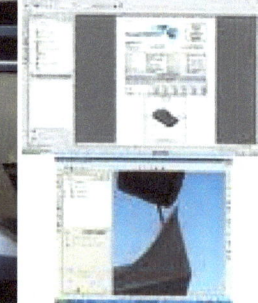

Il existe aussi des projecteurs de profil ou des scanners optiques.

Le contrôle du fonctionnement

L'objet technique une fois monté, nous devons réaliser des contrôles de fonctionnement. Cela peut être des contrôles de parallélisme de la direction d'une voiture ou le contrôle du fonctionnement électrique …

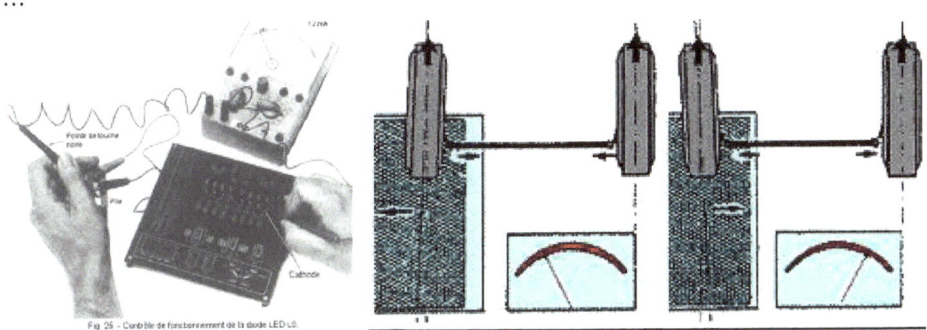

Fig 25 - Contrôle de fonctionnement de la diode LED LS.

Que peut-il arriver si la voiture a un mauvais parallélisme ?

Tout au long de sa vie, un objet technique peut avoir besoin d'être contrôlé notamment à cause de son usure. Il s'agit dans ce cas du contrôle technique.

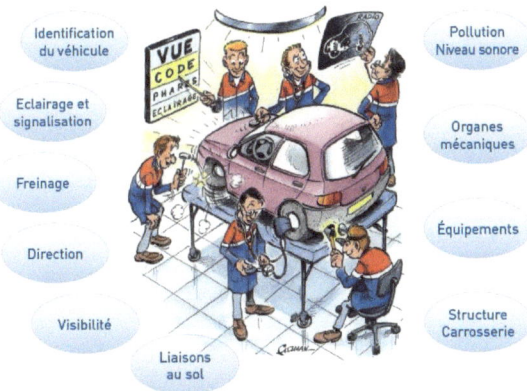

Pourquoi doit-on effectuer un contrôle technique de la voiture ?

Annexe

Les Plastiques

Matériaux	référence		masse volumique	Exemples
Le polyamide (=NYLON)	PA		1 150 kg/m^3	
Le polycarbonate	PC		1 100 kg/m^3	
Le chlorure de polyvinyle	PVC		1 200 kg/m^3	
Le polyéthylène	PE		1 400 kg/m^3	
Le polyéthylène téréphtalate	PET		1 410 kg/m^3	
Le polyméthacrylate de méthyle (= PLEXIGLAS)	PMMA		1800 kg/m^3	
Le polypropylène	PP	bd	890 kg/m^3	
		hd	950 kg/m^3	
Le polystyrène	PS		1 050 kg/m^3	
Le polyuréthane	PÙ ou PUR			
Le polyfluorure de vinylidène	PVDF			
Le poly_diméthylsiloxane)	PDMS			
Acrylonitrile butadiène styrène	ABS		1 050 kg/m^3	
Polytetrafluoréthylène (=TEFLON)	PTFE			
Polyoxyméthylène	POM			
Poly_térephtalate de polyéthylène	PETP			
Acétate de cellulose	CA			

Les Métaux :

Matériaux	Alliages	oxydation	Dureté	masse volumique	T° de fusion	recyclage / valorisation	Exemples
Fer, acier		oui : rouille	bonne	7 874 kg/m^3	1535 °C	facile	
Cuivre		oui : vert de gris	bonne	8 920 kg/m^3	1083 °C	facile	
Aluminium		oui : Alumine	bonne	2 702 kg/m^3	660.37 °C	facile	
Plomb		oui	moyenne	11 340 kg/m^3	327.502 °C	facile mais polluant	
Argent		oui	bonne	10 490 kg/m^3	961.93 °C	facile	
Or		?	bonne	19 300 kg/m^3	1064.43 °C	facile	
Bronze	60% cuivre + 40% étain	oui	bonne	8 800 kg/m^3	980 °C	facile	
étain		?	moyenne	7 310 kg/m^3	231.97 °C	facile	
laiton	cuivre + zinc	oui	bonne	8 400 kg/m^3	900 °C	facile	
zinc		oui	bonne	7 140 kg/m^3	419.58 °C	facile	
fonte	94% fer + 6% carbone	oui	bonne	7 100 kg/m^3	1135 °C	facile	
ferrite	moulage d'oxyde de fer + zinc + carbonate de nickel + ...	?	bonne			facile	
Inox	fer + carbone + chrome + nickel	non	bonne	7 850 kg/m^3	1535 °C	facile	
nickel		non	bonne	8 908 kg/m^3	1453 °C	facile	
mercure		?	aucune	13 579 kg/m^3	-38.87 °C	difficile car très toxique et polluant !	
Titane		non	bonne	4 507 kg/m^3	1668 °C	facile	

Les organiques :

Matériaux	Dureté	Exemples
liège	médiocre	
bois : hêtre, chêne, sapin, pin, acajou, châtaigner, ...	bonne / moyenne	
bois aggloméré, contre plaqué...	moyenne	
coton	aucune	
papier, carton...	médiocre	
résine	moyenne	*objet de décoration en résine*
caoutchouc	médiocre	
latex	médiocre	
osier	moyenne	
bambou	moyenne	

Les céramiques (Minéraux) :

Matériaux	masse volumique	Exemples
céramique		
roche, pierre, granit ...	granit : 2650 kg/m^3	
verre	2 600 kg/m^3	
marbre	2 700 kg/m^3	
ardoise	2 800 kg/m^3	
craie	1 250 kg/m^3	
tuile		
Quartz	2650 kg/m^3	
argile, brique,...	1 700 kg/m^3	
chaux		
cristal		
grès	2600 kg/m^3	
sable		
rubis, diamants...		
ciment, parpaing...		

Les composites :

Matériaux	Renforts	Matrices	recyclage / valorisation	Exemples
gants de protection ou gilet pare balle	Kevlar	résine souple	difficile	
cadre de vélo "haut de gamme"	carbone	résine époxyde	difficile	
le béton armé	barre de fer + gravier	ciment	assez difficile	
carrosserie de la partie habitable d'un camping car	fibre de verre	polyester	difficile	
circuit imprimé	fibre de verre	époxyde	difficile